Theoretical Classification and Study of
Jiangnan Garden Designers in the Late Ming and Early Qing

明末清初江南造园家
理论整理与研究

张琳 著

华中科技大学出版社
http://press.hust.edu.cn
中国·武汉

图书在版编目（CIP）数据

明末清初江南造园家理论整理与研究 / 张琳著. —— 武汉 : 华中科技大学出版社, 2024.8.
ISBN 978-7-5772-0976-0

Ⅰ. TU986.625

中国国家版本馆CIP数据核字第202454AK75号

明末清初江南造园家理论整理与研究   张琳 著
Mingmo Qingchu Jiangnan Zaoyuanjia Lilun Zhengli yu Yanjiu

出版发行: 华中科技大学出版社（中国·武汉）   电话: （027）81321913
地　　址: 武汉市东湖新技术开发区华工科技园   邮编: 430223

策划编辑: 张淑梅   封面设计: 王　娜
责任编辑: 陈　骏　郭娅辛   责任监印: 朱　玢
责任校对: 刘小雨

印　　刷: 武汉精一佳印刷有限公司
开　　本: 710 mm×1000 mm　1/16
印　　张: 10.25
字　　数: 167千字
版　　次: 2024年8月第1版 第1次印刷
定　　价: 88.00元

投稿邮箱: zhangsm@hustp.com

内 容 简 介

　　明、清是中国传统园林史料极为丰富的两个朝代，在经历了历代的发展后，明代园林的营建脉络开始趋于体系化，出现了文人士大夫精英群体，他们赋予了园林理论及园林空间体系特有的"文人"气质；他们通过园林著作确立了当代园林建设的理论框架，创造了"文人园林"风格；他们以广博的知识和经验领悟到了理想空间，并通过园林外部空间和室内装饰，将细节一一解开。本书以《长物志》和《闲情偶寄》两部园林著作为中心，在明末清初的社会背景下，探索江南造园家的造园理论，总结江南造园家的造园体系在实践中的应用。

（北京）市属高校基本科研业务费项目－QN青年科研创新专项－青年教师科研能力提升计划（项目编号：X21046）；北京建筑大学分类发展定额项目－建筑学学科建设（2022）（项目编号：01081022001）。

序　言

　　序言作为一部作品最前端的"感言"，个人认为是最能表露作者心声的一部分，也是向读者介绍此书撰写的出发点、写作历程、核心思想以及需要致谢的可亲可敬的人们。

　　对于本书内容的建构、解读和写作的出发点在于我读博期间偶然在图书馆读到了延世大学金宜贞教授在2018年译介的《快乐的庭园》，该作品是以清初李渔所著的《闲情偶寄》为范本做的韩语版译介，这本书封底的书评是："该书的内容从日常生活的衣食住行出发，映射了清初文人丰厚的物质文化生活，清初文化再创造是冲破明代保守禁锢的一种进步思想。"读博期间，我针对李渔的生平进行了研究，越发着迷于他丰富多彩的人生，并于2018—2019年在《韩国传统造景学会》上发表了多篇关于李渔造园思想和植物玩赏方式的论文，在此研究基础上，发现自己的研究兴趣在明末清初这一特殊的时间段，由于这一时期造园活动的兴盛，造园家著书立传以及参与的实践活动十分丰富，造园思想相对成熟，因此将研究的时间范围锁定在了明末清初。翻阅了这一时期的造园著作，发现文震亨的《长物志》与李渔的《闲情偶寄》可以作为核心研究素材。选定这两本著作的原因有二：其一，两位作者分别代表了不同的文人阶层身份，具有可比性和互补性；其二，在著作内容上，两本著作内容涉及明末清初社会生活的方方面面，可以较系统、全面地映射当时社会生活的物质文化。于是与博士导师成锺祥教授商定博士论文题目为"명말청초 강

남지역 조원가의 조원이론 연구"（明末清初江南造园家理论整理与研究），并确定了整篇论文的思路框架。

在一本书的出版过程中，编辑工作至关重要，在这里，特别感谢华中科技大学出版社张淑梅编辑对本书出版的大力支持，同时也感谢出版社其他工作人员细心和耐心的编校。本书的见解都出自我博士阶段的研究和思考，而本书中的任何错误，都是作者的责任。这本书能够出版，在这里还要特别感谢北京市博士后科研活动经费、北京建筑大学建筑学学科建设项目、孙艳晨老师城乡建设和历史文化保护传承法规政策研究项目的资助，在这里一并感谢。

在为自己的作品写序言之前，我翻阅了一些其他类似作品的序言，多数著者都请本领域内知名教授和学者帮忙作序，起初我也有此想法，但最终还是决定自己来为本书作序，其主要原因在于自己最了解本书的内容。本书的内容基于我在韩国留学的博士论文，因为我一直认为作为韩语论文，对韩国本领域的参考价值大于国内中文再译版本，回国后迟迟没有出版此书的主要原因也在于此。并且，在后期重新回顾论文内容的时候，越发感受到此书在内容丰富度上有待完善，想到其作为博士论文的"含金量"略感羞愧。由于身边师长以及亲朋好友的支持和鼓励，才决定在博士后出站前，将本书出版。无论评价如何，通过中文译介将自己的研究内容同你们分享，就足以令我感到满足了。本书难免有不足之处，期待同行专家学者的批评指正！

张琳

2024 年 6 月

写 在 前 面

　　纵观中国造园发展史，明末清初①是中国造园史上的一次高峰期，当时在江南一带尤以营建私园（后简称"营园"）为盛。这一时期出现了张南垣、计成、文震亨、李渔等一批卓越的造园家，当时造园风潮盛行，他们不仅热衷于营园实践，并结合实践经验整理了营建私园的著作，这些代表性著作为后世研究中国传统园林的造园手法提供了宝贵资料。造园家在营园过程中，主要负责整体规划设计构思和主持参与园林营建，于是造园家成为衔接园林主与一般匠人的重要纽带。在整个营园过程中，与普通匠人相比，具有较高艺术造诣的文人造园家备受园林主人赏识。这些具有良好文学素养的造园家，不仅注重营园的实践活动，更注重著书立说，将实践经验理论化，使营园理论有章可循，如流传于世的园林理论专著《园冶》。学者们对计成的《园冶》做了较为充分的探讨、研究，而对相近时期的《长物志》和《闲情偶寄》的研究仍有待挖掘。相较于《园冶》，《长物志》和《闲情偶寄》则更多地反映了明末清初文人的物质文化生活，这两本著作是明末清初文人艺术生活的真实写照，常被后世誉为映射明末清初日常生活美学的百科全书。但目前学者们对于这两本著作的研究仍然缺乏全面性和系统性。

---

① 明末清初一般是指中国编年史从明万历元年（1573）到清雍正末年（1735）160多年的时间。

　　基于此，本研究以《长物志》和《闲情偶寄》为研究素材，结合时代背景和造园家各自的生活背景，归纳总结明末清初社会背景下两位造园家造园理论的异同，并阐明产生异同的主要原因。同时，本研究还从文人物质文化层面出发，着重讨论了文人造园家日常生活的美学特征。本研究将围绕以下五个研究问题展开。

　　第一，在明末清初社会背景下，代表文人士大夫阶层的文震亨和代表普通市井阶层的李渔，他们的代表作《长物志》与《闲情偶寄》所反映的造园理念的异同点是什么？

　　第二，在文震亨和李渔各自所处环境（如生平史、家族环境成长史等）背景下，他们著书论述的动机是什么？他们各自的生活背景是怎样影响他们的造园理论的？

　　第三，根据园林整体空间布局和营园要素，文震亨和李渔所追求的造园理论有什么异同？

　　第四，画论与造园理论的关联性，以及画论是如何应用于造园理论的？

　　第五，文震亨和李渔的造园理论在他们实际造园案例中是如何体现的？

　　本研究共分为五章。第一章涉及本研究的背景和目的、研究对象和方法、研究动向和分析思路框架。具体研究方法包括文献研究、归纳总结、比较研究和案例研究。通过对《长物志》和《闲情偶寄》的国内外研究动向和其与其他著作的比较研究来导出本研究的分析思路框架设计。

　　第二章主要围绕明末清初社会背景和造园文化进行分析。具体内容包括"明末清初社会背景""江南地区的造园文化""造园家的生平和造园活动"三部分。在明末清初宏观的社会背景下，江南一带出现了众多私园。以文人士大夫阶层为首，从富商到普通市井阶层掀起了一股造园热潮。造园家在江南一带营园过程中积累了丰富的实践经验，特别是具有人文素养的文人造园家，通过造园实践总结归纳经验，而后著书形成造园理论。明末清初大多数的造园理论著作是在这一背景下产生的。

　　第三章主要围绕文震亨和李渔的生平和作品进行展开。这部分具体包括"文震亨的生平和作品""李渔的生平和作品""对《长物志》与《闲情偶寄》的解读"三部分。明末清初这一时代交替时期，造园家的理想多由"政治追求"转向"文化创造"。文震亨和李渔这两位造园家出身于不同的阶层，他们的著作《长物志》和

《闲情偶寄》表达的内容显然也有差异性。文震亨《长物志》批评了"俗文化"，并提出了文人士大夫阶层应遵循"雅文化"，他的主要读者群体是文人士大夫阶层。而李渔《闲情偶寄》的内容浅显易懂，尤其是将单调枯燥的庄子理论解释得通俗易懂，因为他的主要消费群体更接近市井阶层。

第四章基于以往学者的研究方法，从"整体空间格局""园林要素"两个层面展开研究，从而导出本研究的"思路框架"。"整体空间格局"包括"选址及空间布局""整体空间构想及空间尺度的重要性""园林要素的组合"以及"空间分割"。"园林要素"包括"建筑""水要素""山石"和"植物"。基于此，分析两位造园家造园理论的异同。两部著作中所表达的内容包括造园家的哲学思想、生活态度以及价值取向，核心造园思想包括"隐逸""删繁去奢""皆入画图""以小见大""追求雅""追求创新"等。

第五章总结了本研究的学术价值及局限性。纵观中国园林造园史，明末清初是园林文化不断走向世俗化、依赖于大众文化、大批量营建园林的关键时期。这一时期引领大众文化的各阶层文人造园家通过园林著作确立了当时园林营建的普适性理论。同时，还提出了反映时代性思想的"文人园林"风格。他们以广博的知识和实践经验领悟到了理想的空间文化，将由园林到室内空间所涵盖的物质文化内容不断细化。基于此，本研究以两部代表性著作为核心，探索两位造园家的造园理论，并将其作为分析解读明末清初园林文化的一个切入点。本研究的局限性在于，虽然结合时代背景，对文震亨的《长物志》和李渔的《闲情偶寄》进行了比较研究，但对同一时代其他造园家的造园理论并未深入探讨，日后将补充这一时期的其他造园家的造园理论。此外，还有必要进行实地踏查并追加文献研究，进一步深化研究。

目　录

第一章

绪　论

第一节　研究背景和目的

随着商品经济的发展和社会环境的改变，明末清初涌现出众多造园家，他们著书立说，如计成（1582—1642）的《园冶》、陆绍珩（生卒年未详）的《醉古堂剑扫》、文震亨（1585—1645）的《长物志》、陈继儒（1558—1639）的《岩栖幽事》、林有麟（生卒年未详）的《素园石谱》、李渔（1611—1680）的《闲情偶寄》以及屠隆（1543—1605）的《考槃馀事》等，内容均涉及文人如何营园和如何提高生活情趣。这些著作是研究中国传统造园史论的珍贵资料。明末清初是中国造园史上的一个全盛阶段，全国范围内私家园林营建活动以江苏和浙江为中心的江南一带为盛。造园家们不仅热衷于造园活动，还在绘画、书法、小说和戏曲等艺术领域有很高的造诣。因为他们的艺术才华和丰富的营园实践经验也获得了当时精英群体的赞助。他们以营园实践为基础，将实践经验理论化，从而使得中国传统的造园理论和文化得以传承。

计成的《园冶》作为明末清初代表性的园林专著，被公认为是当代研究中国传统园林理论的巨著，并被日韩等东亚国家视为造园"法式"。从20世纪80年代开始，园林领域的众多学者将计成的《园冶》作为教科书范本进行解读，并取得了丰硕的成果。而对于映射时代背景和反映造园家生活情趣的其他著作，如文震亨的《长物志》和李渔的《闲情偶寄》，虽有部分学者进行了内容的重新建构和解读，但仍有待进一步挖掘。这两部著作不仅涉及文人园林领域，还涉及文人日常生活中的物质文化等内容，较为真实地反映了当时的自然环境和文人的生活情趣。中国近代园林家陈从周（1918—2000）为陈植（1899—1989）《长物志校注》所作的序中曾评价"盖文氏之志长物，范围极广，自园林兴建，旁及花草树木，鸟兽虫鱼，金石书画，服饰器皿，识别名物，通彻雅俗。以其自家有名园，日涉成趣，微言托意，无不出自性灵，非耳食者所能知。故注释此书之功，诚有大于计氏《园冶》者。"此外，林语堂（1895—1976）在《吾国与吾民》中记载，"清初之后的《闲情偶寄》是中国人生活艺术的指南，住宅和园林、室内装饰、女性化妆和美容、养生等都是这位伟大艺术家的真实独白，也是当时中国人精神的本质。"现代建筑师兼建筑教育家童寯（1900—1983）曾评价"李渔为真通其造园之人"。明末清初的《长物志》和《闲情偶寄》是两部全面反映当时社会背景和文人艺术生活的著作，被誉为"生活百科全书"。

以《长物志》为研究对象的学者多从建筑和园林、物质和消费文化、美学和视觉艺术以及明末清初文人士大夫的社会心理及意识等方面展开研究。而以《闲情偶寄》为研究对象的学者多从建筑、园林和造景，曲论与音律学，医学和养生，美学与哲学思想以及文化世俗化等方面展开研究。可以说，学术界针对文震亨的《长物志》和李渔的《闲情偶寄》的研究已取得了一定的成果，但研究内容侧重于对各著作文本的分析解读。未有学者详细结合两位造园家的生平史、家族史和艺术活动空间等进行系统的内容建构和解读。由此，本研究以这两部著作为研究对象，提出以下五个研究问题。

其一，在明末清初的社会背景下，代表文人士大夫阶层的文震亨和代表普通市井阶层的李渔，他们的代表性著作《长物志》与《闲情偶寄》所反映的造园理念的异同点是什么？

其二，在他们各自所处环境（如生平史、家族环境成长史等）背景下，他们著书论述的动机是什么？他们各自的生活背景是怎样影响他们的造园理论的？

其三，根据园林整体空间布局和营园要素，两位造园家所追求的造园理论有什么异同？

其四，画论与造园理论的关联性，以及画论是如何应用于造园理论的？

其五，文震亨和李渔的造园理论在他们实际造园案例中是如何体现的？

本研究围绕以上五个问题，深入探讨两位造园家的造园理论。选取了明末清初这一时代更迭时期，从文人士大夫阶层到普通市井阶层，分析了文震亨和李渔的造园理论的异同点，以及明末清初造园理论的普适性特征。此外，研究发现两位造园家的生平史、家族史和艺术活动空间等也对园林的营建产生了深远的影响。

第二节　研究对象与方法

一、研究对象和素材

明末清初这一历史时期在中国编年史上，一般是指从明万历至清雍正年间（1573—1735）160多年的时间[①]。明末清初的文人园林主要集中分布在以江苏和浙江为中心的江南一带。江南地区并不是一个行政区域，而是指长江下游地区[②]。在先秦时期，江南被称为"江东"。到了唐朝，江南的范围进一步扩大，当时仍被称为地理范畴意义上的"江东"。但从明朝开始，江南已经超越了纯粹意义上的地理范畴，变成了集经济、政治、文化为一体的发达地区，明朝以后江南地区的范围逐渐趋于稳定。狭义的江南地区包括苏州、松江、常州、镇江、杭州、嘉兴和湖州[③]。

江南地区历史上也被称为吴越地区。吴国和越国曾在江南地区活动，并在此处奠定了文化基础。吴越文化起源于土著民族文化，而后是以邦国命名的区域文化形成期[④]。江南地区的蓝绿空间相映成趣，青山像自然屏风一样环绕城区，绿水如明镜般秀丽。这般人杰地灵的圣地，自然涌现出众多文人志士。而本研究中的江南地区是指造园家集中活动的中国江浙一带。江浙一带位于中国东部、长江下游，主要包括江苏、浙江两省。

本研究以文震亨的《长物志》和李渔的《闲情偶寄》为主要研究素材，以表1-1、图1-1至图1-5中的著作为基础资料进行整理与研究。

首先，本书对文震亨所著《长物志》的研究，主要参考《长物志》《粤雅堂丛书》本（图1-1）和陈植（1984）的《长物志校注》（图1-2）两本文献，并结合田军等（2004）

①戴逸.简明清史[M].北京：中国人民大学出版社，2006.
②张薇.园冶文化论[M].北京：人民出版社，2006.
③杨念群.何处是江南：清朝正统观的确立与士林精神世界的变异[M].上海：生活·读书·新知三联书店，2017.
④김진영.중국 강남 문학의 지역 특성：문화 구역 구분을 통한 중국 문학사 보기[M].부산：부산외국어대학교 출판부，2005.

的《长物志图说》以及金宜贞等（2017）的韩语译著《长物志》（图1-3），互相比对。

其次，本书对李渔所著《闲情偶寄》的研究，主要参考《闲情偶寄》（康熙刻本）（图1-4）、单锦珩（1988）的《李渔全集·第三卷·闲情偶寄》（图1-5）和《李渔全集·第十九卷·李渔年谱与李渔交游考》三本文献，并结合杜书瀛（2007）译著的现代版《闲情偶寄》，以及金宜贞等（2018）的韩语译著《快乐的庭园》（图1-3）对《闲情偶寄》中的内容进行系统性梳理和研究。

此外，本书还重点研究了文震亨与李渔的其他相关文学作品，包括文震亨的《香草垞前后志》《文生小草》《怡老园记》《琴谱》等；李渔的《李渔全集·第二卷·笠翁一家言诗词集》《李渔全集·第三卷·闲情偶寄》《李渔全集·第十九卷·李渔年谱与李渔交游考》《芥子园画谱》等。这些著作与他们的造园实践以及艺术思想密切相关，对于深入研究他们的造园理论具有一定的学术参考价值。

表 1-1　研究素材概况

分类	作者	发行时间	参考资料名称
文震亨的生涯史和著书情况	《粤雅堂丛书》本	清	《长物志》（汉文古文献版本）
	陈植，校注	1984	《长物志校注》（汉文古文献版本）
	海军，田君，注释	2004	《长物志图说》（汉文白话文版本）
	金宜贞等	2017	《长物志》（韩语译注）
李渔的生涯史和著书情况	康熙刻本	清	《闲情偶寄》（汉文古文献版本）
	单锦珩	1988	《李渔全集·第三卷·闲情偶寄》（汉文古文献版本）
	单锦珩	1988	《李渔全集·第十九卷·李渔年谱与李渔交游考》（汉文古文献版本）
	杜书瀛	2007	《闲情偶寄》（汉文白话文版本）
	金宜贞等	2018	《快乐的庭园》（韩语译注）

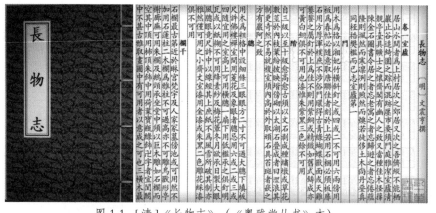

图 1-1 [清]《长物志》（《粤雅堂丛书》本）

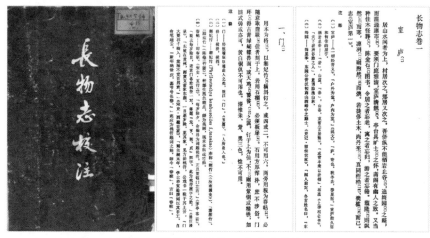

图 1-2 陈植（1984）《长物志校注》

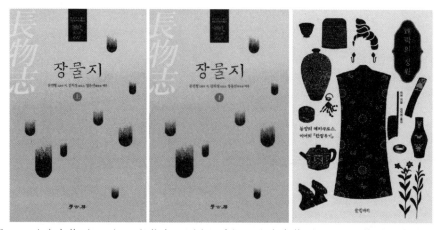

图 1-3 金宜贞等（2017）《长物志》（左、中）；金宜贞等（2018）《快乐的庭园》（右）

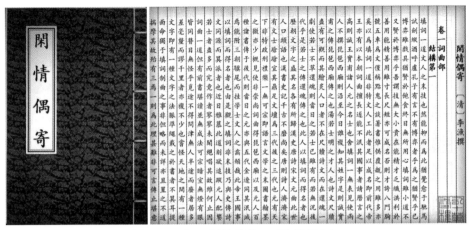

图 1-4　[清]《闲情偶寄》（康熙刻本）

图 1-5　单锦珩汇编（1988）《李渔全集·第三卷·闲情偶寄》

二、研究方法和框架构建

本研究共由五章组成。第一章阐述研究背景及目的、研究对象和研究方法。研究方法主要为文献研究和比较研究，包括对文震亨《长物志》和李渔《闲情偶寄》的国内外研究动向和这两本著作与其他著作的比较研究。基于此，归纳总结出本研究的差异性和本研究的整体思路分析框架。

第二章主要是梳理明末清初的时代背景和造园文化。本章细分为"明末清初社会背景""江南地区的造园文化"和"造园家的生平和造园活动"三部分。明末清初宏观的社会背景下,江南地区出现了众多私家园林。从文人士大夫阶层到普通市井阶层,掀起了造园热潮,造园家在江南地区的园林营建过程中积累了丰富的实践经验。特别是具有人文修养的文人造园家,他们在进行造园实践活动的同时,通过著书立传将造园经验进行了理论升华,而这一时期出现大量著作的另一个原因在于当时动荡的社会环境给造园家们"隐逸"著书提供了条件。

第三章重点研究代表性造园家文震亨和李渔的生平和作品。主要包括"文震亨的生平和作品""李渔的生平和作品""对《长物志》与《闲情偶寄》的解读"三部分。晚明进入清初,在动荡的社会背景下,文震亨和李渔不再执着于之前的政治追求,而是转向了文学创作,但由于他们不同的人生经历,他们所追求的"文化创造"也存在不同之处。《长物志》和《闲情偶寄》也能侧面映射出两位造园家不同的个性和代表的社会阶层。简言之,文震亨的《长物志》批评了"俗文化",并提出了文人士大夫阶层应遵循的"雅文化",文震亨瞄准的主要文化消费群体是文人士大夫阶层;相反,李渔的《闲情偶寄》的叙述内容简明易懂,该著作将单调枯燥的庄子理论转化为通俗易懂的语言,原因在于李渔所瞄准的文化消费群体大都是普通市井阶层。

第四章根据园林整体空间格局、园林内各要素分析了文震亨和李渔造园理论的异同点。第一,从整体空间格局的角度,包括"选址及空间布局""整体空间构想及空间尺度的重要性""园林要素的组合"和"空间分割",对文震亨和李渔的造园理论进行了解析。第二,从园林要素的角度,包括"建筑""水要素""山石""植物",分析了两位造园家的造园手法。基于此,归纳总结两位造园家的哲学思想、生活态度以及价值观等。

第五章对研究结果进行了归纳总结,并阐述了本研究的艺术价值及局限性。本研究的整体研究框架如图1-6所示。

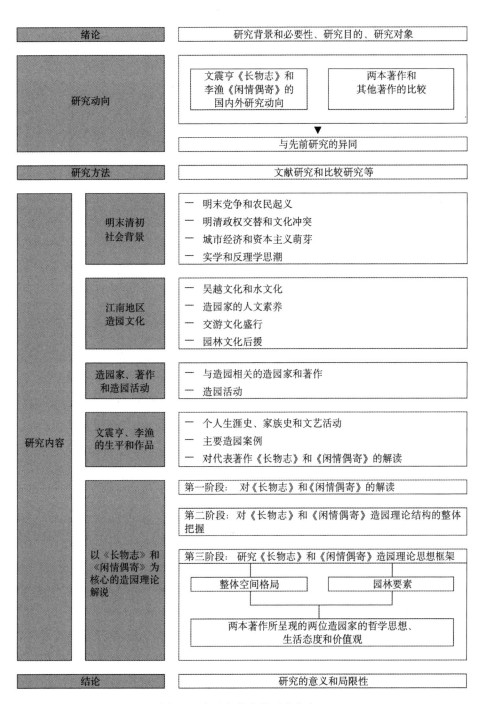

图 1-6　本研究的整体研究框架

第三节　国内外研究现状

一、有关《长物志》的国内外研究现状

对中文版本《长物志》的研究基础资料包括古籍、白话文翻译、注释、校注等版本。具体包括明清时期的《四库全书》《砚云乙编》《粤雅堂丛书》《申报馆丛书》《古今说部丛书》以及民国时期的《美术丛书》版本和《丛书集成初编》。到了近现代，陈植（1984）对《长物志》进行了白话文翻译、注释、校注，出版了《长物志校注》。此后，海军等（2004）出版的《长物志图说》与陈植（1984）相比内容更为翔实，涵盖了实地调研的园林实例。此外，如李霞等（2015）当代学者，也一直在对《长物志》进行分析研究。

其次，中国学术界对《长物志》的研究涉及建筑和园林（李元，2010；谢华，2013；姚冰纯，2013）、物质文化和消费文化（薛野，2008；周重林，2009；朱孝岳，2010；赵国栋，2013）、美学和视觉艺术（王珏，2011，2012；徐晴，2012）等方面。

此外，从国外相关著作和研究论文的情况来看，英国学者 Graig Clunas（1991）发表的题为《中国的物质文化和社会现状》的论文中，作者并不是仅仅对《长物志》进行了译注，而是从物质文化的视角切入研究，特别是他广泛引用了明朝的小说、文集和版画，在 20 世纪 90 年代早期，从社会政治风尚方面拓宽了研究的视野。日本学者荒井健（2000）出版了日语版的《长物志》，对原著基本内容进行了日语翻译和注释。日本学者冈大路（2008）的《中国宫苑园林史考》中，不仅重点对《长物志》"泉石"的内容进行了解析，还比较研究了《园冶》的相应部分。此外，韩国的金宜贞等（2017）当代学者翻译和注释了《长物志》的韩语版本。

对文震亨《长物志》的国内外研究动态汇总如表 1-2 所示。

表 1-2　对文震亨《长物志》的国内外研究动态汇总

分类		作者	著作名称	备注
国内研究	著作	文震亨（1621）	《长物志》	有多样的版本
		陈植（1984）	《长物志校注》	白话文译本，校注出版
		海军等（2004）	《长物志图说》	追加历史图片说明
		李霞等（2015）	《长物志》	白话文译本
	论文	李元（2010）	《〈长物志〉园居营造理论及其文化意义研究》	建筑、园林以及造景
		谢华（2013）	《〈长物志〉造园思想研究》	
		姚冰纯（2013）	《论〈长物志〉对营造现代生态"宜居"环境的启示》	
		薛野（2008）	《关于明代室内软装饰蓬勃发展的原因探究》	物质文化和消费文化
		周重林（2009）	《文震亨 茶无他，长物而已》	
		朱孝岳（2010）	《〈长物志〉与明式家具》	
		赵国栋（2013）	《〈长物志〉中茶文化简述》	
		王珏（2011）	《〈长物志〉的颜色观研究》	美学和视觉艺术
		徐晴（2012）	《〈长物志〉器物色彩审美观论析》	
		王鸿泰（2002）	《明清士人的生活经营与雅俗的辩证》	明末文人思想的社会心理及意识
		彭圣芳（2011）	《身份的危机与确认：〈长物志〉雅俗观的一种阐释》	
		刘显波（2012）	《明式家具设计与明末士人文化心理嬗变》	
国外研究	著书和研究论文	Graig Clunas（1991）	*Superfluous Things: Material Culture and Social Status in Early Modern China*	并不是简单的直译，而是从物质文化层面对此著作的分析和解说
		荒井健（2000）	《長物志：明代文人の生活と意見》	基本内容的译解
		冈大路（2008）	《中国宫苑园林史考》	日语版本，不仅重点从《长物志》"泉石"的内容方面进行讲解，还比较研究了《园冶》的相应部分
		金宜贞等（2017）	《长物志》	韩语译著，翻译与译注

二、有关《闲情偶寄》的国内外研究现状

1.国内研究

李渔的《闲情偶寄》在康熙六年（1667）左右完成，之后多次被刊刻，现以全本形式出版。康熙十年（1671）翼圣堂将《闲情偶寄》以十六卷单行本发行，收录于《笠翁一家言全集》。雍正八年（1730）时，芥子园主人重新编纂了《笠翁一家言全集》，将原本十六卷的《闲情偶寄》合成六卷，并命名为《笠翁偶集》。到了近现代，包括单锦珩（1988）编著的《李渔全集·第三卷·闲情偶寄》、杜书瀛（2007）译著的《闲情偶寄》白话文翻译、注释、校注、解释等著作大量出现。此后，诸如王永宽等（2013）基于《闲情偶寄》著作的《闲适的情趣——〈闲情偶寄〉的生活美学》等图书相继出版发行。

此外，对李渔一生的整体研究有单锦珩（1988）编著的《李渔全集·第十九卷·李渔年谱与李渔交游考》。对李渔的人物评价研究有俞为民（2004）的《李渔评传》，其对李渔的人生轨迹进行了整体评论。

中国学者关于李渔《闲情偶寄》的研究涉及曲论、音律学、医学、美学和哲学等多方面。庞瑞东（2007）以李渔的戏曲理论为中心，从尚情、结构、接受三个方面进行阐述。陈礼贤（2013）以《闲情偶寄·饮食部》为中心，探讨了李渔的养生思想。文翘楚（2015）从中国园林理论领域，对李渔的造园思想进行了分析。钱水悦等（2008）从社会学视角出发，对明末清初的文化风俗进行了探讨。张琳等（2018）发表了以"通过《闲情偶寄》来看李渔的造园理论"和"通过《闲情偶寄》来看李渔的植物象征意义和欣赏方式"为主题的学术期刊论文。

2.国外研究

除以上国内研究外，国外的研究动态中，韩国学术界的研究与园内研究内容类似，在曲论、音律学、医学、美学和哲学等多方面都有学者进行相关讨论。例如，韩国多数学者以《闲情偶寄·词曲部》和《闲情偶寄·演习部》为中心，总结归纳李渔的戏剧理论。韩锺镇（2011）以《闲情偶寄·居室部》为中心，考察了明末清初"绅士层的居住文化"；金宜贞（2015）以"审美和实用"作为贯穿居室布局的两大核心脉络展开讨论；朴泓俊（2017）讨论了明末清初的戏曲理论潮流中《闲情

偶寄》的意义和价值，集中讨论了戏曲分析对舞台演出的作用，并重视延续戏曲结构。与以上研究不同，朴成勋（2017）以《闲情偶寄·声容部·治服第三》为中心，强调了服饰审美的重要性，同时对服饰和人的关系以及衣服穿着的讲究和品位方面进行了讨论。近年来，金宜贞等（2018）也尝试重新译著《闲情偶寄》韩语版。

对李渔《闲情偶寄》的国内外研究动态汇总如表 1-3 所示。

表 1-3 对李渔《闲情偶寄》的国内外研究动态汇总

分类	作者	著作名称 / 内容	备注
国内研究	李渔（1667）	《闲情偶寄》	经多次改编
	单锦珩（1988）	《李渔全集·第三卷·闲情偶寄》	白话文翻译、注释、校注、解析
	单锦珩（1988）	《李渔全集·第十九卷·李渔年谱与李渔交游考》	对李渔生平进行了全面研究
	俞为民（2004）	《李渔评传》	以李渔的生平为背景进行整体评论
	杜书瀛（2007）	《闲情偶寄》	著书内容的详细解析
	杜书瀛（2014）	《李渔传》	对李渔的生平、艺术活动的全面解析
	王永宽等（2013）	《闲情偶寄》	白话文解析
	张琳等（2018）	《通过〈闲情偶寄〉来看李渔的造园理论》	总结了李渔所提及的造园理论
	张琳等（2019）	《通过〈闲情偶寄〉来看李渔的植物象征意义和欣赏方式》	解析植物的象征性以及文士欣赏方式
	庞瑞东（2007）	《李渔〈闲情偶寄〉之曲论研究》	考察结果发现关于曲论、音律学、医学、美学和哲学等多方面内容
	钱水悦（2008）	《李渔〈闲情偶寄〉生活美学思想初探》	
	陈礼贤（2013）	《论李渔的养生思想》	
	文翘楚（2015）	《李渔的造园思想研究：以南京芥子园规划设计项目为例》	
国外研究	韩锺镇（2011）	《明末清初"绅士层的居住文化"：以"居室部"为中心》	
	金宜贞（2015）	以"审美和实用"作为贯穿居室布局的两大核心脉络进行了讨论	
	朴泓俊（2017）	讨论了明末清初的戏曲理论潮流中《闲情偶寄》的意义和价值	
	朴成勋（2017）	《李渔的服装论小考》	
	金宜贞等（2018）	《快乐的庭园》	以新的视角重新解析《闲情偶寄》

三、这两本著作与其他著作的比较研究

上文以文震亨的《长物志》和李渔的《闲情偶寄》为研究对象，进行了国内外研究动态考察，下文重点聚焦这两本著作与明末清初其他主要著作的比较研究。

齐慎（2012）以《长物志》和《闲情偶寄》中的室内陈列艺术为中心，从"物理""身体""心理"三个层面入手，探讨两者的异同点。施春煜（2015）认为这两本著作分别代表明清园林文化发展过程的两个阶层，两者的共同之处是均体现了明清园林文化中对器物的审美，同时也体现了园林文化要素由"一元"向"多元"转变的特征。由此可见，选择这两本著作进行对比，可以体现两个朝代审美的动态变化。但齐慎和施春煜并未对整个时代背景，尤其是两位造园家所处的环境背景进行具体分析。此外，王美仙（2015）对《园冶》和《长物志》中的植物景观要素进行了系统探讨，并进一步分析了计成和文震亨的造园思想。任兰红等（2018）分别对《园冶》与《长物志》的造园思想、"掇山理水"手法进行了比较研究。

其次，关于《园冶》《长物志》以及《闲情偶寄》三本著作的比较研究中，郑宇真等（2014）以园林要素中竹屏的应用为核心，对《园冶》《长物志》以及《闲情偶寄》中竹屏的实际应用做了比较研究。欧阳立琼等（2015）和谢云霞（2015）的研究将《园冶》《长物志》《闲情偶寄》这三本著作进行了比较研究，其中欧阳立琼等（2015）将各著作中提及的选石方面的异同进行了比较，而谢云霞（2015）则集中研究了三人的美学思想。云嘉燕等（2019）以《园冶》《长物志》和《闲情偶寄》为研究对象，对明末清初中国园林景观在社会文化因素影响下的哲学思想中的"雅文化"进行了阐述，但并没有对三位造园家实际的造园案例进行具体分析。此外，陈耀华等（2014）以文震亨的《长物志》和韩国徐有榘的《林园经济志》为研究对象，分析了两部著作中体现出的中韩园林文化的差异性。朴喜晟等（2016）对《长物志》和《养花小录》中的植物要素进行了比较研究，探讨文人士大夫植物欣赏方式的差异性（表1-4）。

表 1-4　两本著作与其他著作的比较研究

分类	作者	著作名称 / 内容	备注
明末清初著书间的比较研究	齐慎（2012）	《〈长物志〉和〈闲情偶寄〉园林陈设艺术比较》	以室内陈列艺术为中心的"物理""身体""心理"三个层面解析
	施春煜（2015）	《从〈长物志〉和〈闲情偶寄〉看明清园林文化发展动向》	对"器物"的特点分析是这两部著作的共同点，从"一元"到"多元"的变化特征
	王美仙（2015）	《〈园冶〉〈长物志〉中的植物景观及其思想表达研究》	植物要素中所蕴含的思想
	任兰红等（2018）	《〈园冶〉与〈长物志〉关于"掇山理水"章节比较研究》	关于两著作中"掇山理水"的比较研究
	郑宇真等（2014）	明末清初《园冶》《长物志》以及《闲情偶寄》中竹屏的比较研究	考察了藤蔓植物的活用和文化内涵
	谢云霞（2015）	《晚明江南文人的园林设计美学思想研究》	美学思想研究
	欧阳立琼等（2015）	《〈园冶〉〈长物志〉〈闲情偶寄〉论选石的异同》	以叠石的侧面为基准，比较了三部著作的共同点和差异点
	云嘉燕等（2019）	Sociocultural factors of the late Ming and early Qing Chinese garden landscape in *Yuanye*, *Zhangwuzhi*, and *Xianqingouji*	明末清初园林的设计理念中的"雅文化"
国内著作和国外著作的比较研究	陈耀华等（2014）	文震亨《长物志》和徐有榘《林园经济志》对朝鲜后期士大夫庭园产生的影响	中韩园林文化比较研究
	朴喜晟等（2016）	对中韩《长物志》和《养花小录》中的植物要素进行了比较研究	探讨文人士大夫植物欣赏方式的差异性

　　基于上文的表述可知，以《长物志》与《闲情偶寄》或这两本著作与其他著作的比较为中心的研究，已经取得了一定的研究成果。但目前为止，以《长物志》与《闲情偶寄》为中心的比较研究只是集中分析了以这两部著作为基础的部分造园理论，并没有结合宏观历史背景（两位造园家所在的社会背景，如家族史、生平史、艺术活动等）和微观的生活艺术空间系统全面地分析研究这两本著作。由此，本研究结合明末清初园林文化的宏观时代背景、两位造园家各自的微观生活环境以及实际造园案例来论述他们的造园理论。

第二章

明末清初社会背景
与造园文化

第一节 明末清初社会背景

一、党争与农民起义

公元 1368 年，明太祖朱元璋定都南京，历经半个世纪，以南京为中心的江南一带成为中国的政治中心。1582 年游览南京的意大利传教士利玛窦①称赞当时南京的繁华程度超越世界其他任一城市，当时的南京不仅有丰富多彩的建筑，如宫殿、祠堂、佛塔等，而且整个城市弥漫着浓厚的人文气息②。明成祖朱棣迁都北京后，南京成为"留都"③，是当时仅次于北京的第二大城市。

"一国两都"的政治格局体现了当时独特的政治特征。南京和北京基本上有着相同的官员体制，但从政权特征来看，南京的官员们处于有名无权的状态，多数官员对江山社稷已逐渐力不从心，不满当时政治体制的官员，多数请辞告老还乡。"避居山水"风潮的兴起对文人士大夫阶层的生活方式产生了深远影响，他们中的大多数具有逃避现实的倾向，把集体文艺活动作为度日消遣的重要内容。文人的集体文艺活动被他们称为"文人雅集"。文人雅集的场所也多为当时文人士大夫的私园。

"一国两都"政治格局的另一个特点是结党营社。文人士大夫阶层开始流行批判时代弊病。文人雅集、私塾讲学是明代文人士大夫主要的社会交流方式。明万历年间，朝廷内部斗争激化，形成了两大利益集团，分别是东林党④和阉党⑤。东林党是

---

①利玛窦，金尼阁．利玛窦中国札记 [M]．何高济，王遵仲，李申，译．何兆武，校．北京：中华书局，1983．

②李孝悌．中国的城市生活 [M]．北京：北京大学出版社，2013．

③明成祖迁都北京后，南京因是遗留下来的都城而被称为"留都"（张薇，2006）。

④东林党是明末以江南文人士大夫为核心的官僚阶级政治集团，从明朝吏部郎中顾宪成创设，到明朝灭亡，历时近四十年（牟复礼，1992）。

⑤阉党一般是指在宦官的权势下由官僚组成的政治派别（黄永年，2007）。

江南文士以"东林书院"①为主要活动场所的政治派别，东林书院表面上是读书和讲学的殿堂，实际则是政治舆论的场所。出没于此的文人士大夫们多具有先进思想，他们对国家政治问题非常关注。东林党扎根于江南一带，其代表人物都活动在这一区域。而阉党是在宦官权势下形成的政治派别，常常在中央朝政里飞扬跋扈，压迫东林党人士。

此外，明朝政府不仅有内部斗争激化和腐败的问题，社会各阶层矛盾激化也尤为突出。这一时期，农民起义最为突出。拥有富足、安宁生活的江南一带的贵族阶层，他们的生活秩序受到影响，奢侈的造园活动也几乎处于停滞状态。但明末清初农民起义导致的造园活动停滞状态，却为一部分造园活动家将精力转向文稿素材的整理和撰写提供了帮助②。不仅如此，明朝的灭亡对文人士大夫阶层造成了巨大的物质和精神方面的创伤，使他们怀念明代的繁华景象，他们开始著书立说，记录文人士大夫阶层坚守的"礼""义""雅"的物质文化生活。另一方面，明朝即将灭亡的现实开始使他们对中国封建社会的弊端和明朝灭亡的原因进行反思，他们开始走向寻求自我发展的道路。

二、明清政权交替与文化冲突

由于明清两朝的更迭，满族取代了汉族政权。满族不同于汉族儒学文化，虽然清朝统治者对汉文化有着浓厚的兴趣，但依然有很多汉族文人士大夫对此持怀疑态度，因此形成了明末清初独特的群体组织——明遗民③。事实上，遗民现象在中国历史上经常出现，是朝代更迭必然面临的现象。著名的明遗民有黄宗羲（1610—

---

①东林书院始建于北宋政和元年（1111），明万历 32 年（1604）由东林学者顾宪成等重新复原，无数学者聚集于此讲学，他们倡导"读书、讲学、爱国"精神，获得当时全国学者的普遍响应，一时声名鹊起。东林书院成为江南一带文士主要集中地和国史讨论的主要舆论中心。
②张薇 . 园冶文化论 [M]. 北京：人民出版社，2006.
③遗民多指旧朝灭亡后不愿妥协加入新朝的人群（杨念群，2015）。

1695）①、顾炎武（1613—1682）、王夫之（1619—1692）、文震亨（1585—1645）、陈子龙（1608—1647）、夏完淳（1631—1647）等。他们在明朝灭亡时留下了众多表达爱国和亡国之痛的诗篇，诗句的内容多次出现"残山剩水"的场景描写。如夏完淳的《大哀赋》所述。

> 礼魂兮春兰秋菊，吊古兮山高水长，悴琼枝而无色，零瑶草兮不芳。三秋桂冷，十里荷香，景光黯黯兮销魂，烟波漠漠兮断肠；夜不寐而隐隐，泪沾襟而浪浪。何日度莺花之月，何年归玳瑁之梁；燕巢枯柳，蝶舞空墙，垆头无小妇之酒，城东非少年之场。旧游零谢，独垒荒凉，归去而杜鹃啼月，力微而精卫填海。

赋的内容流露出战乱后满目疮痍的景象以及人民饱受战乱之苦的场景，表现了夏完淳因明朝灭亡，成为明遗民后，在心理和精神上的悲痛心境。明遗民的抗清之路持续了十年之久，不同性情的明遗民走上了不同的抗清之路。明遗民的抗清方式大致分为两种：一种是积极抗清；一种是消极抗清。所谓积极抗清，是像陈子龙、夏完淳和文震亨那样为忠孝明朝而殉国的文士，他们对清朝的政策（如剃发令和改服令）表现出强烈的不满。清朝下达剃发令和改服令后，全国各地爆发骚乱，尤其是江南一带人民的抗清情绪激烈。代表性人物文震亨在明朝灭亡后逃到阳澄湖畔避难，并欲投江自尽，虽被他人救起，但最终还是郁愤绝食殉国。而消极抗清是指不愿意为清朝效力而选择出家或隐居山林的明遗民。他们内心和行动多是充满矛盾的，内心充满文人的骨气，而又无法摆脱客观的生存条件，无可奈何之下，用逃避现实的方式来表达对当时社会环境的不满。事实上，除上述两种极端抗清群体外，多数

---

① 黄宗羲（1610—1695）是明末清初的经史学者和思想家，字太冲，号梨州，浙江余姚人。他强调实证主义，与王夫之、顾炎武一起被称为清初的"三大师"。著有《明夷待访录》《明儒学案》和《宋元学案》等（胡乔木等汇编，1986）。

民众处于彷徨状态，他们大都沉浸在明朝灭亡的痛苦中，而又在清朝的压力下强行为官，即使想为明朝坚守节操，但又迫于生计，不得不妥协。总言之，清朝为在政权初期为实现国家大一统①，采取了诸如剃发令等政策。清朝比以往各朝更加重视"正统性"。但清朝统治者却十分清楚，完全的民心统一还需要持续奋斗，这一目标直至康熙在位时才得以实现（杨念群，2017）。清朝为了实现民族统一大业，还实行了一些针对思想教化的政策，这些政策是清朝中后期，康熙在政治层面上实现完全统一的基础。康熙在政治上为实现统一大业，通过南北大运河进行了六次南巡，南巡的直接目的是视察当地民情、整顿大运河洪水等，但实质目的是镇压三藩叛乱，以此展现清朝的国威（曹永宪，2006；吴锦成，2007；吴建，2017）。康熙通过亲自视察大运河周边百姓的生活状况和地方官员是否清廉等情况，表达皇帝的爱民之心，最终实现民心统一。除上述政治意图外，康熙等清朝皇帝，还对江南私家园林的营园手法引入北方皇家园林做出了积极贡献。清朝中后期，国家形势趋于稳定，营园手法也趋于成熟，清朝将江南一带代表性园林西湖的空间布局复制到了北方的皇家园林内。从另一个方面讲，这也是清朝实现统一大业的一种有效方式。

三、城市经济与资本主义萌芽

明朝中后期，江南一带经济快速发展，成为明朝财富的主要来源。到了清朝，相较于明朝，江南产业呈现多样化的特征，资本主义开始萌芽（吴锦成等，2007）。农业、手工业和商业是当时江南一带支撑经济发展的三大核心产业。

首先，江南一带的农业在全国处于重要地位，是明朝经济结构的基础产业。特别是随着手工业和商业的快速发展，人口剧增，粮食产量需求也相应增加（江版权，2004；吴锦成等，2007）。江南一带得天独厚的自然环境，为农业发展提供了有力保障，但由于洪涝频发，治水成为一个永恒的话题。除传统农作物水稻外，江南一

①因天下的诸侯都归属周朝天子，后人因此将封建王朝统治全国称为"大一统"。大一统既要占有王朝的充分辽阔的领土，又要具有上天赐予的德性（杨念群，2015）。

带还拥有种植棉和茶等经济作物的良好环境。这大大提高了江南一带普通市井阶层的综合收益，凸显了江南一带农业的优势。

其次，明末清初江南一带无论是官营还是民营的手工业都十分发达。其中纺织业是江南手工业的优势产业。纺织业的快速发展使棉纺织品产量日益增加，江南一带的富商积累了大量财富。此外，陶瓷业、造纸业、印刷业等产业也快速发展。其中，反映大众喜好的木版画的繁荣直接促进了印刷出版业的发展。当时社会上盛行的通俗文学作品都收录了普通画家和刻工合作的插图，图文并茂的内容丰富了人们的视觉感官，此类书籍大量出版，受到普通市井阶层的喜爱[1]。同时，与出版业密切相关的印刷业快速发展，成为创造巨额财富的契机，这使江南一带变得更加富裕。这些资本的积累为园林建设提供了强有力的物质基础。

此外，商品经济的发达也是明末清初江南一带财富积累的重要因素之一，当时，商品经济的发展呈现出以下四个特点。

① 商品供应量和需求量剧增。随着江南一带农业水平的提高，相当一部分农产品（比如棉）出现商品化现象。此时，江南一带的棉产量已经超出了自给自足的范畴，农民们开始将剩余的经济作物作为商品进行售卖。江南一带的农业、手工业产品进入了以货币为交易手段的流通市场。

② 江南一带初步形成了商品市场。商品交换需要集市，因此江南各地出现了新兴商业贸易发达的集市（图 2-1），在一些大城市形成了消费市场。城市集市因商品经济的发展而形成，同时也促进了商品经济的发展。

③ 江南一带形成了一群商人集团，其中以徽商著名。徽商是指明清时期安徽省徽州府地区的商人或商人集团的总称，明末清初是徽商发展的全盛时期。徽商在初期主要依靠贸易创造财富，他们的贸易范围包括盐、棉、茶等。商人们主要依靠贸易手段积累早期的商业资本，这是资本主义生产方式的鲜明特征。据《扬州画舫

---

①赵农，注释 . 园冶图说 [M]. 济南：山东画报出版社，2003.

图 2-1 《南都繁会景物图》中的明末清初市井的繁华景象
（图片来源：[明] 仇英《南都繁会景物图》，绢本、设色，44 cm×350 cm（局部），
中国国家博物馆藏）

录》记载："扬州盐务竞尚奢丽，一婚嫁丧葬，堂室饮食，衣服舆马，动辄费数
十万"[1]。从物质生活的角度来看，商人们尤其是扬州盐商的生活十分富足，他们
积累大量财富之后，进而开始重视教育。对于盐商而言，利用良好的文学素养广泛
结交精英群体，更有利于促进他们的商业活动。例如，扬州何园的园主人何氏家族
就十分重视家族成员的教育问题，因此，何氏家族成员才华横溢，多为翰林院官职
人员。

④ 新的生产关系开始萌芽。纺织业出现了雇佣关系，雇员靠出卖自己的劳动力
换取货币来维持生计。雇主和佣人之间基本上没有依赖关系，完全是双方自愿兑换
货币的劳动关系。概括来讲，明末清初随着江南一带经济的发展，出现了商人、贵
族和文人群体等，他们拥有的巨大财富使其开始追求豪华奢侈的生活，大兴土木、

①潘爱平. 扬州画舫录 [M]. 北京：中国画报出版社，2014.

营建私园的社会背景为造园家参与园林建设提供了契机，也为传统园林设计相关书籍的出版创造了有利条件。

四、反理学思潮与实学

与之前以理学为主流的社会思想相比，明末清初的社会思想受到了阳明心学的影响。正德年间，王阳明①在实践中悟出了"心即理"的思想，创造了以"致良知"为核心的"阳明心学"。与程朱理学不同，阳明心学更强调人的主观认知，强调个人认知的重要性，鼓励人们发现个人内心需求，这对明末清初的文学创作和艺术活动起到了至关重要的作用。

阳明心学还强调"百姓日用之道"，即承认人的物质欲望的合理性，追求思想的个性解放。在这样的社会新思潮影响下，以计成为代表的明末清初造园家们逐渐摆脱了固有的思想理念，表现出了追求自我、重视个性的造园思想特征。换言之，园林营建受阳明心学的影响，发展出了创新性的思想，追求"构园无格"②。例如计成、文震亨和李渔等造园家在营园过程中积极反映了明末清初社会更迭的面貌和思想变化，并使造园实践和哲学思想理论化，为后人留下了具有学术价值的著作。此外，"西学东渐"的新文化思潮对明末清初社会的变革也产生了很大的影响。其中，以利玛窦为代表的传教士来到中国传教，他带来了西方先进的科学技术，使东西方文化产生了碰撞与交融。如康熙从蒙养斋召集天下人才研究天文历法，并让精通自然科学的西方传教士也参与其中。蒙养斋汇集了全国各地优秀的学者，编纂了反映乐律和算学等多个领域的《律历渊源》，这部著作涵盖了西方算学、天文学、声律学等自然科学以及传统历法和乐论等方面的内容。值得强调的是，西方传教士还直接参与了圆明园的修缮，将西方的绘画、建筑施工和造园技法引入中国，这一时期被

---

①王阳明（1472—1528）本名守仁，字伯安，号阳明，是明代著名的思想家、哲学家、书法家兼军事家和教育家。他是明代心学集大成者，创立了"阳明心学"。
②所谓构园无格，是指营建园林或庭园时没有固定的章法。

认为是东西方文化交流的重要时期。此外，一些园林著作中也记录了关于西方物质文化的内容。例如文震亨《长物志》在几榻篇中描述"倭箱黑漆嵌金银片，大者盈尺，其铰钉锁钥，俱奇巧绝伦"。可见，在明末清初已有不少士大夫阶层开始赏玩舶来品。

总体而言，在思想方面，无论是阳明心学、注重实用价值的实学，还是引入的外来文化，明末清初的文化都面临着向不拘泥于世俗的多样性和更具包容性的新思潮转变。当时活跃的文化思潮促进了造园家的大量文学创作，并且这些著作的内容也更加多样且丰富。

第二节 江南地区的造园文化

一、吴越文化与水资源

在春秋时代，吴国（今江苏省一带）和越国（今浙江省一带）是两大强国，后世称长江下游的江南地区为吴越[①]。江南一带丰富的水资源、温和湿润的气候、秀美的名山大川以及多样性的植物种类为园林营建提供了有利的自然条件。其中水资源与江南一带的生活有着密切的关联性，对吴越文化的形成起着重要作用。本节将吴越文化发展和水资源的关系从以下两方面展开论述。

1. 征服自然及对水资源的依赖和利用

长江、淮河以及钱塘江是流经江南一带的主要河流。长江从青海省发源，流经江南一带，最后在江苏省镇江东部流入大海。纵观历史长河，长江洪水多次泛滥成灾，给下游人民带来了灾祸；由于泥沙淤积、河床抬高，洪水过后逐渐形成了大片桑田，为以农业为生的人民创造了财富。淮河位于长江与黄河之间，周边的百姓一直受益于淮河的水资源进行农业灌溉和漕运。钱塘江作为长江的支流，是孕育吴越文化的生命之源。同长江与淮河一样，在利用其水资源进行农业灌溉与漕运给人民带来便利的同时，钱塘江也给周边的人民带来了意想不到的水患灾害。但与河流洪涝灾害抗争的江南一带百姓们不断发展水利工程，最大限度地利用了水资源，为农业灌溉修建了水利设施（如防洪筑堤和桥梁）。此外，太湖也滋养了当地百姓，促进了当地经济的发展，丰富了江南一带的文化。古代先辈们称太湖"包孕吴越"（图 2-2）。可以说，吴越地区的一湖（太湖）、两江（长江和钱塘江）、两海（黄海和东海）的水系格局为吴越文化发展提供了有力保障。

2. 河运和运河文化

江南一带的水运是中国文明发展史的重要组成部分，对中国历史文明的形成和

---

①梁白泉. 吴越文化: 中国的灵秀与江南水乡 [M]. 上海: 上海远东出版社, 1998.

图 2-2　太湖摩崖题刻的"包孕吴越"
（图片来源：http://www.huitu.com.）

发展起到了重要作用。江南一带除利用得天独厚的天然水源进行水运以外，还人工开凿了很多运河。江南一带开凿运河的历史早在公元前十一世纪商朝末期就已开始。隋朝的京杭大运河是中国历史上最大的人工水道，对江南一带的政治、经济和文化产生了巨大影响。特别是京杭大运河和长江的汇合点——镇江和扬州一带十分繁华。江南地区的水路格局由十字形和丁字形组合构成，水路的交叉点和中心水路附近形成了大量大规模的高密化的商业用地。不仅如此，水路两旁的茶馆、桥梁、戏楼等多样的园林要素丰富了江南地区整体的水空间景观[1]。此外，还发展了为船舶使用者和运输业从业者提供各种便利服务的基础设施和宗教设施，例如供奉雨神的祠庙、守护城郭的城隍庙等，不仅聚集了地区百姓，还聚集了往来的商贩和官员等进行各种宗教活动，当时宗教活动的主要目的是祈愿航行安全和财力富足[2]，一定程度上促进了当地商品经济的发展。在清代宋浚业的《康熙南巡图江南水乡景色》中，描绘了当时四通八达水运交通的繁华景象（图 2-3）。

丰富的水资源不仅促使江南一带地域文化形成和发展，还使南北地区的文化交流成为可能。同时，便利的水运交通也为当地百姓前往远方进行山水游览提供了便利。

---

① 최정권과 최정민 . 중국 강남 수향진의 수변공간 특성 연구 : 절강성 오진과 남심을 사례로 [J]. 한국전통조경학회지, 2016, 34（4）: 98-109.
② 오금성 외 . 명청시대 사회경제사 [M]. 이산, 2007.

图 2-3 《康熙南巡图江南水乡景色》中四通八达的水运景象
（图片来源：梁白泉 . 吴越文化：中国的灵秀与江南水乡 [M]. 上海：上海远东出版社，
1998.）

二、山水文人园与造园家的人文素养

正如前文所述，明朝中叶以后，江南一带凭借飞速发展的经济，成为明朝税收的主要来源。众多财富主要集中在贵族和士大夫手里，营园也成为他们彰显财富的一种重要方式。由此，江南一带逐渐形成了造园"集群化"现象。特别是到了明朝末期，江南一带商品经济的发展为私家园林的建设提供了良好的物质保障。这种造园现象由当时江南一带特殊的政治、经济和文化背景所形成，这一时期也出现了大量独具特色的文人园林。随着江南园林的发展，营园活动在全国各地全面展开，明末清初时期成为中国园林历史进程上文人园林艺术发展的高峰。

明末清初江南地区私家园林的营建中，人文素养体现在园林艺术的方方面面。宽泛地讲，文人园林是指文人营建的私家园林。而大多数文人均精通绘画（这里所说的绘画，主要是指山水画），园林营建和绘画的关系密不可分。文人造园家通常将"虽由人作，宛自天开"的思想运用到实际的造园中，创造出文人心目中的山水园林。

　　而明末清初江南园林的文人造园家中，一部分是在叠山造园方面具有出众才能的匠人，并具有一定的人文素养，从而逐渐转型为职业造园家；另一部分是引领文学创作的文人，他们亲自进行造园活动，并最终成为一名理论结合实践的造园高手。前者是"匠人的文人化"，后者是"文人的工匠化"。其中，因掌握营园叠山手法而成名的代表文人便是计成①。计成可谓"文人的工匠化"的典范。换言之，文人良好的人文素养为他们成功营造园林提供了有利条件。值得强调的是，造园家是园林主人和"纯粹"的工匠之间的纽带，主要负责园林整体规划和园林局部节点营建。随着江南一带私家园林营建的盛行和部分园林主人品位要求越来越高，具备一定文学修养和审美素养的造园家受到尊重和重用。他们往往能够更好地与园主人在造园思想方面达成一致，并得到园主人的信任和欣赏，最终与园主人共同完成或独自完成园林的方案设计。

　　前文已经多次提及，造园家的人文素养，不单指绘画，还包括诗、书法等。第一，关于诗和绘画的关系，唐朝王维（701—761）曾说"诗中有画，画中有诗"，或许营造"诗情画意"的境界，只有理解了"诗情画意"的真正内涵，方能悟到诗和绘画之间紧密的联系。第二，书法和绘画的关系，通常称为"书画同源"，即书法和绘画是同源的。第三，诗和书法的关系，书法的内容大多取自诗句，因此诗和书法内在的关系是"诗书一体"。诗、书法和绘画三者之间的关系，也常被并称为"诗书画一体"，"诗书画一体"的最佳案例，就是文人的绘画作品中有精美的落款，而落款中的诗句描述了绘画的内容，则这幅绘画作品可谓真正意义上将诗、书、画融为了一体。而这样表达的目的是追求"诗书画三绝"②的至高境界。在中国文化中，诗、书法和绘画密不可分的关系，已经有很多文人和画家做过讨论，在本研究中不再赘述。

---

①据传，计成一开始并不以造园家的身份自居，一次偶然的营建假山机会，使得他声名鹊起。他主张以真山形式营建假山，他的假山作品外形优美，犹如一座真山。

②诗、书法、绘画三项都很出色时，被称为"诗书画三绝"。这一思想在南朝的贵族社会中萌芽，后得以传承。诗书画三绝被崇尚的时期是北宋中期（11世纪后期），苏轼提出的"诗中画，画中诗"，表达了诗画一致论和书法绘画同源的书画一致论。此外，明代吴门画派的代表画家们也在诗、书法、绘画三方面表现出色。

在文人所处的社会环境里，能够培养文人"诗书画一体"素养的最佳场所便是园林。大部分造园家精通诗和绘画，不少诗文和绘画作品中都描写了园林的景致或人们在园林中的日常生活。此外，书法和园林的关联性不可或缺，在园林中表现书法的基本形式有碑林、摩崖刻石、书条石①、匾额和楹联。建筑物上匾额、楹联的内容，往往反映建筑物的功能和用途。有时造园家或园主人故意将园林建筑上悬挂的匾额字体写错，目的是更好地展现造园家的哲学思想。例如，"章"字下竖画直入头顶就是"文章通天"的意思。诗、书法、绘画和园林之间的共同点，便是追求最高的境界——意境。

园林建筑从一开始就与诗画结下了不可分割的渊源，由诗人或画家苦心打造，追求更高的艺术境界。所谓在景致中注入情意，情与景相互融合，"诗情画意"等都是关于园林意境的描述，园林建筑确实不同于一般建筑②。

江南一带是诗书画的发祥地，这里曾孕育了众多诗书画三绝的文士。他们大都避居山水，过着隐逸的生活，他们的作品主要描述的是江南风光和文人游园的山水雅趣，表达一种政治上不得志和追求自然洒脱的情感。当时文坛的这种主流思想基调对私园营造活动产生了深远影响，江南一带的私园进一步被文人化，文人园林得到发展，与"市井园林"和"贵戚园林"形成对峙，在"雅俗抗衡"中进入新阶段。"雅俗抗衡"不仅体现在造园实践中，还体现在当时的造园理论著作中③。明末清初的苏州园林和扬州园林是文人园林发展的核心地区。例如，扬州的影园、休园，苏州的拙政园，无锡的寄畅园等。在这些文人园林中，文人精英群体以其特有的社交方式和艺术价值取向，在园林营建方式的选择上表现得非常灵活。他们常会在园林中举办各种雅集和诗会，"以文会友"④是文人们进行文学切磋的重要方式（图 2-4）。

---

①书条石是指在石头上刻上与园林相关的诗文，主要被安放在园林的廊壁上。

②彭一刚. 中国古典园林分析 [M]. 北京：中国建筑工业出版社，1986.

③周维权. 中国古典园林史 [M]. 北京：清华大学出版社，1999.

④"以文会友"是指通过学问切磋结交朋友，通常不以世俗利益或财物为目的，而是以学问为媒介，建立能够使彼此思想认同的关系。

图 2-4　《西园雅集图》中文人士大夫们的雅会的盛大场面
（图片来源：[明]仇英《西园雅集图》，绢本、立轴、设色，141 cm×66.3 cm（局部），
台北故宫博物院藏）

概括来讲，诗、书法、绘画和园林之间具有相通性，园林的营建方式多以诗、书法、绘画中的内容作为理论依据。诗、书法、绘画和园林的表现形式虽然各有不同，但其中所涵盖的艺术价值取向是一致的，都是为了追求意境之美。因此，集诗、书法、绘画为一体的艺术价值观在中国文人士大夫群体中是必须具备的，这也成为最终衡量文人造园技艺高低的圭臬。换言之，当时造园家必须具备"以诗、书法、绘画为核心的修养水平""叠山等造园技术"和"基于社会背景下的自然山水观"，才能称得上是真正意义上的造园家。

三、交游文化盛行

明正德年间（1506—1521），苏州就已盛行好游之风。至清代，这种繁华奢游的行为达到了顶峰。

> 盖言吴人之好游也，以有游地，有游具，有游伴。地则山水园亭多于他郡；具则旨酒佳肴、画船箫鼓，咄嗟而办；伴则选妓征歌，尽态极妍。富室朱门，互相邀引，酒社花坛，争奇竞胜利①。

上文表达了当时人们对游览活动的三个具象化的要求，即需要"游地""游具"和"游伴"。贵族们更是通过营建私园，互相邀引友人到自家私园内举行文人雅集活动，以此形成一种专属文人的雅致活动。而文人外出游览活动被称为"游观"。在明朝中期以后的苏州，游观活动呈现出多样化的特征，而且游观的场所也较为广泛，参与者不分阶层，被称为"大众游观"活动。大众游观根据游观性质，大致可分为四种。第一，岁时节日的游观活动。第二，带有宗教性质的寺庙游观活动，如庙会的进香活动，而寺庙游观活动的盛行，必然会带动附近经济发展形成市集，进而演变形成固定的市肆，这就形成了第三种游观——市肆游观②。有研究表明，当时苏州城内最大的市肆，就在玄妙观③与观前大街内。此外，城隍庙④也是苏州重要的庙会活动场所。第四，便是游园活动。游园场所如拙政园、狮子林等，像这种活动的游览者并不是少数特定人群。明代申时行（1535—1614）⑤的《吴山行》描述如下。

---

①复旦大学文史研究院.都市繁华：一千五百年来的东亚城市生活史[M].北京：中华书局，2010.

②巫仁恕.品位奢华：晚明的消费社会与士大夫[M].北京：中华书局，2008.

③玄妙观是西晋时（276）建成的道教寺院，有1700多年的历史，目前大部分建筑被烧毁，只有山门和三清殿的一部分建筑被保留。寺院中心的三清殿是南宋时期（1179）重建的，宋朝当时的建筑形式保存完好。在中国现存的道教寺院中，这是历史最悠久、规模最大的寺院，富有历史、建筑史、文化艺术价值。

④城隍庙是用来祭祀城隍神的庙宇。城隍，亦称为城隍爷，是中国古代宗教文化中普遍崇祀的重要神祇之一。在中国传统文化中，城隍是城市的守护神，其前身是周官八神之一的水庸神。

⑤申时行（1535—1614），字汝默，号瑶泉，江苏府长洲县人。嘉靖四十一年殿试，以状元及第。

九月九日风色嘉，吴山盛世俗相夸。

阖闾城中十万户，争门出郭纷如麻。

拍手齐歌太平曲，满头争插茱萸花。

……

此日遨游真放浪，此时身世总繁华。

　　诗句描绘了城市内部的游观活动不分阶层，以及当时的游观活动已经出现了城市和乡村之间的交流，说明在当时这样的游观活动已经趋于大众化。但随着旅游文化的发展，文人游观对场所的选择越来越挑剔，场所的范围从城市内部蔓延到了城市外围。例如，当时在城市外围的游观场所中，虎丘最受欢迎，从文人士大夫到普通市井阶层，都对游览虎丘表现出浓厚兴趣。但随着普通市井阶层在旅游胜地游览量的增多，部分文人士大夫便将目光转移到了较少被人为干预的自然胜景地（图2-5）。前文提及的江南一带丰富的水资源也是江南一带游观活动能够发展的重要原因之一。

　　江南一带河流和湖水纵横交错，水路附近物产丰富，带动了水运交通的发展。船舶成了城市内外连接的主要交通工具。做生意或拜访远方亲友都要靠水运交通，水运交通为明清江南一带的游观活动从市区扩展到远郊的自然胜景地提供了便利。长距离游览的代表性案例是太湖洞庭山，其受到了当时文人士大夫的追捧，如姚希孟（1579—1636）[①]游览太湖洞庭山后，对洞庭山赞不绝口，将其喻为仙山。太湖风景区与当时的苏州市区虽相距遥远，但因其景色优美，不少文人相继走访观赏。但由于环境艰险，需要大量的物力财力支持，只有少数文人士大夫可以游览，对普通市井阶层来讲便成了心中向往的胜地。

---

①姚希孟（1579—1636），字孟长，号现闻，苏州府吴县人。姚希孟在十个月的时候父亲去世，母亲文氏独自抚养其成人。之后和舅父文震孟一起学习，文学才气在当时名声大噪。姚希孟在万历四十七年中进士。

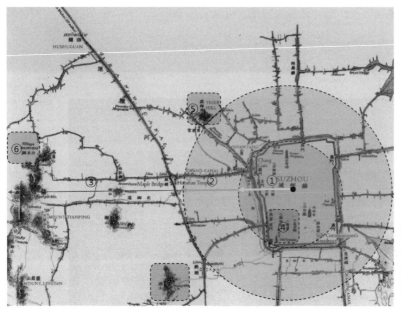

① 城市游观；
② 城市外围游观；
③ 从城市外围扩展到
长距离游观；
④ 苏州府；
⑤ 外围游览地虎丘塔；
⑥ 长距离游览地白马涧；
⑦ 长距离游览地横山

图 2-5　文人不同交游距离所游观的景点位置
（图片来源：笔者改绘）

　　正如上文所提及，大众化是明末清初游观的特征之一。此时游观活动已经从贵族阶层扩展到了普通市井阶层。据《扬州画舫录》记载："以宫灯为丽，其次琉璃，一船连缀百余，窈窕而出。或值良辰令节，诸商各于工段临水张灯，两岸中流，交辉焕采。"描绘了旧时繁华的扬州奢靡的夜间游览生活，尤其是夜晚泛舟游览的情景。由此可见，当时富商们通过奢侈、豪华的画舫类交通工具，炫耀自己的财富和身份。与财力雄厚的贵族和商人相比，文人大多属于中下阶层，经济实力远不及达官贵族。因此，他们多采取"依势借力"的方式，从达官贵族那里获得经济赞助（金宜贞，2019）。另一方面，文人士大夫阶层也在寻求他们自己专属的游览方式，其目的是确立只有文人士大夫阶层才具有的属性——"雅文化"。如出行时选择什么样的"游具"①，必须经过缜密思考后进行安排和设计。具体来说，便是使用小舟和蓝舆等

----

① 游具包括衣服、鞋帽、装备、餐具、文具用品和交通工具六种。

交通工具，与三两好友同行或仅侍奉者随行，并携带好事先准备的酒具和茶器等。

总体而言，文人士大夫阶层的游观活动范围从市内扩大到远郊的自然胜景地，其主要原因是文人士大夫阶层追求生活和精神层次的独有特质，即追求确立专属文人士大夫阶层的品位，这也是为了实现文人士大夫阶层独特的身份认定。

四、园林文化赞助

园林文化赞助体系是在康熙帝和乾隆帝南巡之后，以扬州和苏州地区盐商为中心的商人群体赞助来实现的。而实际上，这种赞助活动在明中期已经开始广泛出现。以前文提到的文氏家族为例，作为艺术活动家的文徵明在拙政园主人王献臣的邀请下，将自己绘制的拙政园赠与王献臣，并获得王献臣在经济方面的支持，从而文徵明能够进一步进行艺术领域的追求与创造（李秀玉，2017）。文人士大夫以赋诗、作画和营园等雅会活动的方式彰显他们的身份地位。文徵明等其他文氏家族的后代在书画等方面也很有才能，也同样在生活和艺术创作方面得到了赞助者的支持。需要强调的是，虽然文徵明及其后代在经济上得到了赞助者的帮助，但从精神层面讲，他们更愿意与志同道合的赞助者往来。换言之，书画等艺术创作使文人士大夫和艺术家获得了社会身份认同，这时文人士大夫之间的交往远离了政治属性，文化属性得以增强。

与前文提及的文氏家族殷实的家族背景和人脉关系不同，普通市井阶层出身的文人，他们一般都在诗书画、小说和戏曲方面有一定的造诣，靠着自己的文艺才能来维持生计。如果将拥有殷实家族背景的文人群体比作"业余造园家"，那普通市井阶层具有一定文学修养的文人更多是"职业造园家"。这部分文人起初都对仕途充满理想和抱负，对真正的文人士大夫阶层生活充满向往，并效仿文人士大夫阶层的生活方式。以李渔为代表的普通市井阶层，起初也想依靠仕途来实现阶级跨越，但由于明末清初动乱不安的社会背景，李渔的入仕念想化为泡影，继而放弃了对仕途的追求，转向文学创作。当时身份尊贵的文人士大夫阶层在追求文学创作的道路上，不乏与像李渔一样的普通文人市井阶层交流，他们交游的群体也显得尤为复杂。

根据史料记载，李渔交游的八百人士之中，既有达官贵人，又有普通市井文人。可见，他对交游者的身份并没有做过多选择，更多是为生计奔波，在为人处世方面八面玲珑，这也是学界对李渔评价褒贬不一的原因之一。

依据上述论述，我们不难发现，明末清初时期，无论是身份尊贵的文人士大夫阶层，还是才能出众的普通市井阶层，他们都从政治抱负转向了文学创作，而且都是通过文学创作的方式来实现自我与社会的认同。不同的是，以文氏家族为首的文人士大夫阶层，他们在园林文化赞助对象上，更具有选择权，他们更多选择与个人志趣相投的文人来作为艺术方面的赞助者。而依靠自身才能的普通市井阶层，他们为了维持生计，在赞助者方面并没有太多的选择权。

第三节　造园家的生平和造园活动

一、明末清初造园家及其著作

明初的造园家大多是匠人的身份，社会地位不高。但到了明末清初，随着商品经济和文化发达的江南一带造园活动的活跃，对拥有一技之长的匠人需求自然而然也随之增加。特别是叠山匠人，他们逐渐得到社会的认可和重视，在园林主人和普通匠人之间发挥重要的纽带作用，也大大提高了造园效率。部分文人造园家（比如计成）受到了园林主人的认可和信任，园林主人乐意与他们交往并赞助他们的艺术活动。造园家在江南一带的繁华都市活动，营建了众多私家名园，并以丰富的造园经验为基础，为后人留下了宝贵的造园理论著作。具有代表性的著作包括计成的《园冶》、屠隆的《考槃馀事》、陈继儒的《岩栖幽事》、高濂的《遵生八笺》、文震亨的《长物志》以及李渔的《闲情偶寄》等（表2-1）。其中，李渔的《闲情偶寄》相比其他著作，走向了文人雅文化的大众化道路，其在保守的文人生活方式中寻找新的突破口，在文化大众市场的思索和探寻中表现出了很高的热情，可以说，《闲情偶寄》是一部反映当时大众文化的百科全书（金宜贞，2018）。屠隆、陈继儒和文震亨等的作品则反映了明中期的社会背景和日常生活。其中，文震亨的《长物志》代表了当时文人士大夫阶层所坚守的品位。而李渔的《闲情偶寄》不仅反映了晚明进入清初社会背景的变化，也反映了普通民众的物质文化生活。

表 2-1　与造园相关联的著者及其作品概述

著者	著作名称	著作内容概述
屠隆（1543—1605）	《考盘馀事》	当时流行的文房清玩风韵概观
陈继儒（1558—1639）	《岩栖幽事》	关于山居琐事的内容
陆绍珩（生卒年未详）	《醉古堂剑扫》	关于修身、养性、治家的内容
高濂（1573—1620）	《遵生八笺》	关于养生的著作
计成（1582—1642）	《园冶》	关于园林的著作
文震亨（1585—1645）	《长物志》	能够全面反映明初、中期社会背景的著作，以及有关园林的记录
吴伟业（1609—1672）	《张南垣传》	有关张南垣叠石技法的记录

续表

著者	著作名称	著作内容概述
李渔（1611—1680）	《闲情偶寄》	能够全面反映明末清初社会背景的著作，以及有关园林的记录
石涛（1642—1708）	《大涤草堂图》	大部分以山水为主题的绘画作品
林有麟（生卒年未详）	《素园石谱》	有关石材和叠山的内容

二、江南一带活跃的造园家

本节整理了从明万历（1573）到清雍正（1735）约160年间的六位造园家的资料，他们都在造园实践方面具有丰富的经验，并都有相应的著作留存于世。按照造园家们出生的顺序整理如表2-2所示。

表2-2　明末清初造园家、造园活动及其著作概述

造园家	园林名称	造园时期	园主人	地理位置	相关作品
计成（1582—1642）	东第园	1623—1624	吴又予	常州	《园冶》
	寤园	崇祯五年（1632）	汪士衡	江苏	
	石巢园	崇祯五年（1632）	阮大铖	南京	
	影园	崇祯五年（1632）	郑元勋	扬州	
文震亨（1585—1645）	香草垞	未详	冯氏废园改建	苏州高师巷	《长物志》
	碧浪园	未详	未详	苏州西郊	
	水嬉堂	未详	未详	南京	
张南垣（1587—1671）	横云山庄	明末清初	李逢申	松江	《张南垣传》
	竹亭湖墅		吴昌时	嘉兴	
	鹤洲草堂		朱茂时	嘉兴	
	乐郊园		王时敏	太仓	
	梅村		吴伟业	太仓	
	藻园		钱增天	太仓	
	拂水山庄		钱谦益	常熟	
	东园		席本桢	吴县	
	南园		赵洪范	嘉定	
	豫园		虞大复	金坛	
李渔（1611—1680）	伊园	1647—1651	李渔	兰溪	《闲情偶寄》和《芥子园画谱》
	芥子园	顺治十四年（1657）	李渔	金陵	
	层园	康熙十六年（1677）	李渔	杭州	
	半亩园	1673	贾汉复	北京	
石涛（1642—1708）	片石山房	未详	吴家龙	扬州	《山居赏秋》
	大涤草堂	1696—1697	石涛	扬州	
林有麟（生卒年未详）	素园	明万历	林有麟	江苏	《素园石谱》

　　第一位造园家便是计成（1582—1642）。计成在少年时期以绘画闻名，喜欢搜集奇异怪事，他模仿五代山水画家关仝和邢浩的画风，并且当时文人盛行游观风尚，计成也不例外，他喜欢游览名胜，青年时代曾游览北京、湖南、广东一带，后来回到江南一带，在镇江居住，开始了造园活动。计成在一次偶然建造假山时，展示了他的叠石才能，并在此后名声大噪。计成在造园方面，主张应该以自然中存在的实际山体形态进行叠山，并亲自完成假山的堆砌，他一生最具代表性的园林作品有四座：四十二岁在常州为吴又予而建的东第园，明崇祯五年（1632）为汪士衡而建的寤园，在南京为阮大铖营建的石巢园，以及在扬州为郑元勋建造的影园。令人遗憾的是，这些园林均未保存下来。如果计成只是主持或是参与造园活动，或许他和其他造园家一样，只会留下名字和传说，但是他还撰写了第一部关于中国传统园林经典的理论专著《园冶》，此书出版于崇祯七年（1634），该著作是他造园实践的经验总结，也是中国最早的园林专著。该著作图文并茂地展示了窗户、栏杆和铺地等图式 200 多种，并采用了骈体文的文体，在文学上也具有很大的影响力。《园冶》分为兴造论和园说两大部分，兴造论表达的是这部专著的写作缘由，园说则是这部专著的核心，包括相地[①]、立基、屋宇、装折、栏杆、门窗、墙垣、铺地、掇山、选石和借景等内容。

　　第二位造园家是文震亨（1585—1645）。文震亨比计成小三岁，出身名门望族。他的曾祖父文徵明（1470—1559）是明朝翰林院学士、画家和书法家，与沈周、唐寅和仇英一起并称为"明四家"。从曾祖父到兄长文震孟（1574—1636），文氏家族世世代代均在朝廷担任官职。文震亨出生于以学问和艺术闻名的家庭，受其家风的影响，他不仅在诗书画方面，而且在音律和园林营建方面都有很深的造诣。文震亨于天启元年（1621）在南京国子监完成了学业，此后由于受到朝廷阉党的迫害，仕途之路并不顺遂。顺治二年（1645）五月清军攻陷南京，六月攻陷苏州，文震亨逃到阳澄湖畔时，欲投江未遂，之后郁愤绝食而殉国，享年六十一岁。文震亨和计成一样，出生在明末社会混乱时期，为了逃避战乱，对自然山水倾注了热情，对园

---

① "相地"分为"寻地""选地""整地"这三个环节（成锺祥，2019）。

林艺术有着独特的见解，热衷于造园活动，他造园实践的代表作有苏州高师巷的香草垞、苏州西郊的碧浪园以及南京的水嬉堂。与计成相似，文震亨也亲自到造园现场进行造园活动，并在《长物志》中做了详细整理。《长物志》分为室庐、花木、水石、禽鱼、书画、几榻、器具、衣饰、舟车、位置、蔬果和香茗共 12 个部分，内容涉及建筑、书画、家具、古董、园艺、园林、动植物、饮食和交通工具等方面。

第三位造园家是张南垣（1587—1671）。据吴伟业《张南垣传》记载，张连号南垣，松江华亭人，是中国明末清初的造园家，擅长叠山。张南垣自小学习绘画，擅长画山水，并将山水画的艺术论运用到造园上，他在中国大江南北活动了五十多年，营造了众多园林，包括为李逢申营建的横云山庄、在嘉兴为吴昌时营建的竹亭湖墅、为朱茂时建造的鹤洲草堂以及在太仓为王时敏营建的乐郊园。

第四位造园家是李渔（1611—1680）。李渔自称生平有两大绝技，"一则辨审音乐，一则置造园亭"。关于造园，李渔亲自设计建造了三座园林，他从顺治四年（1647）到顺治八年（1651），在故乡兰溪营建了伊园，在那里过着像陶渊明一样的隐居山林的生活。顺治十四年（1657）李渔举家迁到金陵，在此营建了第二座园林芥子园，在芥子园里完成了《资治新书》《笠翁问古》等作品，《闲情偶寄》也是在芥子园完成的。晚年隐居杭州时，在西湖附近营建了层园。

第五位造园家是石涛（1642—1708）。石涛号清湘老人、大涤子、苦瓜和尚，法名道济，是中国绘画史上的重要人物，是绘画实践的探索者、革新者和艺术理论家。其绘画作品有《山居赏秋》等，营园作品有扬州吴家龙的片石山房以及大涤草堂等。

第六位造园家是林有麟（生卒年未详），据《哲匠录》记载，林有麟字仁甫，号衷斋，华亭人（今上海松江人），以山水画著称，营建了素园，并著有《素园石谱》。

总的来讲，计成的《园冶》是他实践活动的理论总结，也是中国最早的园林专著。但《园冶》并没有全面反映明末清初的社会背景，只集中记录了当时的营园技法以及园林要素。张南垣、石涛和林有麟等造园家与计成一样拥有丰富的造园实践，但他们留下的作品也只是反映了造园技法，并没有全面反映当时的社会背景。只有文震亨的《长物志》和李渔的《闲情偶寄》对园林营建的社会背景进行了较为系统化的介绍。这两部著作涉及的范围广且内容丰富，是反映当时百姓物质文化生活的"百科全书"。因此，本研究选定文震亨和李渔这两位造园家作为研究对象，将他们的代表作《长物志》和《闲情偶寄》进行比较，并结合明末清初的时代背景，总结归纳他们造园思想的相同之处，同时又从他们各自的成长环境分析他们的差异性。

第四节 小 结

本章对"明末清初社会背景""江南地区的造园文化""造园家的生平和造园活动"进行了系统性梳理。

在"明末清初社会背景"方面，这个时代在政治层面上，明朝灭亡，清朝统治时期开始，明清政权交替带来了不稳定的社会背景。一方面，明朝的灭亡对士大夫阶层明遗民带来了沉重打击，使他们对中国封建社会存在的问题进行反思。另一方面，随着商品经济的发展，出现了资本主义萌芽，进而引发了这一时期文化思潮的重大转变。在文化方面，由于明清两个朝代的更替，满族取代汉族政权，以满族为中心的统治阶级一直尊重明朝儒教文化，但由于文化冲突，民众中不断出现抗清现象。在思想方面，以保守派为核心的程朱理学与具有进步思潮的阳明心学发生对峙。不仅如此，"西学东渐"的新文化思潮对明末清初的思想变革也产生了重大影响。从造园的角度来看，内外文化思潮的变革间接影响了"构园无格"的思想。

在"江南地区的造园文化"方面，江南地区丰富的水资源不仅促进了这一带水文化的形成和发展，还使南北文化交流成为可能。随着江南园林的发展，明末清初形成了文人园林艺术的高峰，文人营园活动的广泛开展在全国各地产生影响。文人大多精通以山水为主题的绘画，可见山水绘画和园林之间有密不可分的关系。文人造园家不断从"以诗、书法、绘画为中心的人文修养""叠山技法"和"山水自然观"三个层面提高自身的人文修养。造园家们受委托营建园林后，通常还会在园林内举行各种诗会等文人雅集活动，他们相互交流切磋、建立关系，逐渐形成了园林文化赞助"网络"。除了文人造园家的雅集活动外，文人的另一个共同特点便是山水游观。便利的水运交通是当时文人山水游观文化盛行的主要原因之一。而后，文人士大夫阶层的游观范围逐渐从市区扩展到远郊的自然胜景地，其主要原因是为了寻求一种文人士大夫阶层特有的生活情趣和品位。

在"造园家的生平和造园活动"方面，文人造园家在积累丰富实践经验的同时，营建了众多私家园林。包括计成在内的部分文人造园家通过著作将造园实践理论化，创作了可以反映当时社会背景的"生活百科全书"，他们的作品都是反映明朝时代背景和文人日常生活的著作。其中，文震亨的《长物志》代表了当时文人士大夫阶层所坚守的生活情趣和品位。而李渔的《闲情偶寄》不仅反映了明末清初社会背景的变化，也反映了普通市井阶层的物质文化生活特征。

第三章

两位代表性造园家生平
和作品研究

第一节　文震亨的生平及作品

一、出身：文士阶层

1. 生平：为大明殉国

文震亨，字启美，明长洲（今苏州）人，生于万历十三年（1585），逝于顺治二年（1645）（图 3-1、图 3-2）。文震亨作为文氏家族的成员，受到了曾祖父文徵明等人在诗书画方面影响，他青少年时期，生活在苏州，喜好游览大河山川，天启元年（1621）在南京国子监①完成了学业。文震亨在仕途方面，同他的曾祖父文徵明一样，并不顺遂，多次落榜，后放弃科举考试，但因其文艺才华出众，崇祯十年（1637）获得了陇州判②的职位。此后文震亨受到崇祯帝朱由检（1611—1644）③的赏识，在朝廷以琴作曲，在曲艺方面的才能得到认可，还曾获武英殿中书舍人④的官职。后在崇祯十三年（1640）因遭朝廷阉党迫害入狱，在友人的协助下才得以获释并重返职位。崇祯十五年（1642）奉调令前往蓟州慰问军队士兵，并回故里探亲。崇祯十七年（1644）回京时，北京城恰被李自成（1606—1645）攻陷，崇祯帝在煤山自尽，统治中国长达 277 年的明朝灭亡，同年五月，"福王"朱由崧（1607—1646）⑤在南京登基，"福王"

---

①南京国子监是明朝洪武十五年（1382）根据明太祖朱元璋的命令建立的明朝国家教育管理机构，在中国古代教育体系中被称为最高学府。初名大明国子监，明成祖迁都北京后，改称南京国子监。

②州判是清朝直隶州知州的佐官，官职等级为七品。根据明清制度，知州下设通判，明朝直隶州通判称为州通判，清朝简称为州判。陇县旧称陇州，现属陕西省宝鸡市，因位于陇山东坡而得名。据此推断，当时文震亨在职于陕西省州判（徐连达，1991）。

③朱由检（1611—1644）是明朝第 16 位皇帝，也是明朝全国统一政权的末代皇帝。崇祯十七年（1644）李自成陷北京时，在煤山自杀，终年 34 岁。

④中书舍人曾是中书省所属的官员。明朝废除了中书省，将"中西省直省舍人"改为"中书科中书舍人"。人员虽然由二十人组成，但主要负责撰写诰敕，官职等级相当于七品。这种官员制度一直沿用至清朝（徐连达，1991）。

⑤朱由崧（1607—1646）是南明政权的第一位皇帝。崇祯帝朱由检自杀殉国后，朱由崧在南京建立了南明政权，年号弘光，在位不到 8 个月。

想让文震亨复职，但在阮大铖（1587—1646）①等的镇压下辞职回到故里。回到苏州的文震亨一直隐居在自家宅园里。顺治元年（1644），文震亨在他的私宅香草垞完成《长物志》。顺治二年（1645）五月清军攻陷南京，六月攻陷苏州，文震亨逃到阳澄湖畔避难，欲投江自尽，但自杀未遂。最终郁愤绝食而殉国，享年六十一岁。

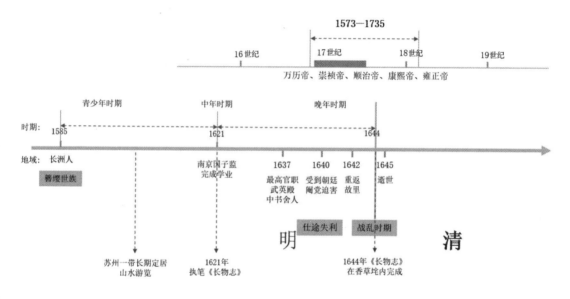

图 3-1 文震亨生平重要事迹概况
（图片来源：作者自绘）

①阮大铖（1587—1646）字集之，号圆海、石巢、百子山樵。1616 年进士及第，在天启年间（1621—1627）加入宦官魏忠贤的阉党，成为光禄卿，但魏忠贤下台后藏身南京，明朝灭亡，拥护"福王"朱由崧，在其下任职兵部尚书。南京沦陷后，向清朝投降。后来在跟随清军进攻仙霞关的路上病逝（李红等，2012）。

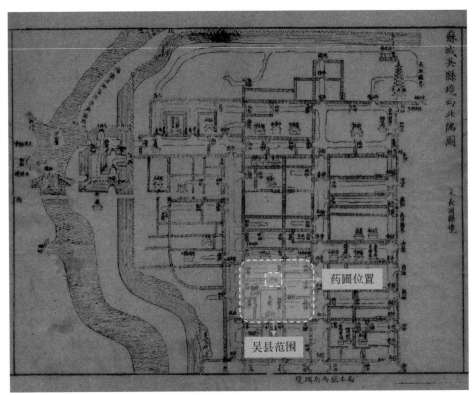

图 3-2 《吴县志》中吴县范围、文震亨住处及其兄文震孟药圃位置推测
（资料出处：[明]牛若麟修纂辑.明崇祯十五年刊本）

　　纵观文震亨的一生，他的人生境遇可以说是明末清初文人的一个缩影。在动乱时代，他们一方面逃避现实，一方面却担忧明朝的生死存亡和黎民苍生。文震亨虽然对明朝复国抱有殷切的希望，但明朝被清朝取代是历史必然，他的理想抱负随着当时社会环境的变化也化为乌有。

2.家世：簪缨世族

　　文震亨出身簪缨世族，"簪缨世族"是指世世代代做高官的家族。文氏家族作为明朝苏州地区的名门望族，在文学、书法、绘画和篆刻等方面具有很高的造诣。文震亨的曾祖父文徵明是明朝中期著名的画家、书法家和文学家。文徵明与沈周、唐寅和仇英并称为"明四家"。文徵明的仕途之路并不顺遂，仅有短暂的在京为官的经历，曾在翰林院受任，此后因受朝廷官员迫害，便辞官隐退江南，晚年在书法和绘画等艺术领域有很深的造诣。文徵明的代表作有《西苑诗》《甫田集》，绘画作品有《潇湘八景册》《拙政园三十一景图》和《东园图》等。在《拙政园三十一景图》中出现的园林要素包括十六处水景、十四处独居的高士、五处松树、四处竹林等，共三十九处景观中，以水景作为画面构成的有十六处，由此可见，拙政园的景观多以水景为主（李秀玉，2017）。文徵明丰富的文学作品，使其在江南一带具有声望。以文徵明为代表的文氏家族在当时江浙一带具有很强的影响力，如《长物志》开篇所述。

> 余因语启美，君家先严徵仲太史，以醇古风流，冠冕吴趋者，几满百岁，递传而家声香远，诗中之画，画中之诗，穷吴人巧心妙手，总不出君家谱牒。

文震亨的祖父文彭（1498—1573）[①]、父亲文元发（1529—1605）[②]、兄长文震孟（1574—1636）的文学造诣在当时都具有一定的影响力。而文震亨自小受到家族的重视，在天启二年（1622）殿试考中状元，在翰林院被授予著作编纂一职，受其家族的耿直品格的影响，先后几次遭到魏忠贤（1568—1627）[③]等阉党人士的迫害，最终辞官回到故里。《明史》有云："刚方贞介，有古大臣风，惜三月而斥，未竟其用"。基于此，文震亨无论是品格，还是在诗书画、音律和造园等方面的造诣在当时都有一定的社会影响力。

值得一提的是，明清两朝交替导致战乱频发，给社会多方面带来了巨大冲击。此时的名门望族也逐渐家道中落，他们开始通过抵押或出售收藏品或绘画作品，周转资金以维持生计（张长虹，2010）。文氏家族到了文震亨一代，他们的生活水平也不像其曾祖父文徵明那般富足，他们多以赠予诗画的方式，获得贵族的经济赞助，

---

①文彭（1498—1573）字寿承，号三桥，文徵明长子，长洲（今江苏省苏州市）人，曾任南京国子监博士，他学习书画，尤其擅长篆刻和赋诗，著有《博士诗集》等。
②文元发（1529—1605）字子悱，号湘南，是文徵明的孙子，文彭的长子。长洲（今江苏省苏州市）人，著有《学圃斋随笔》和《兰雪斋集》等。
③魏忠贤（1568—1627）是明朝宦官，受到明熹宗的宠爱，垄断政治，镇压东林党官员，导致了明朝的灭亡。

以此来维持生计。因此，像文震亨这样明末清初的文人士大夫们，大多对明朝初、中期的繁荣景象念念不忘。

3. 交游和主要的文艺活动

文震亨因家族的名望和出众的才能，交游的范围十分很广。如在南京的一年多时间里，与阮大铖等人来往。阮大铖是明末清初的重要人物，大部分造园家都与他交往，并从他那里得到相应的经济赞助。如造园家计成著《园冶》时便得到他的赞助，计成为阮大铖设计了石巢园，阮大铖后来还为计成写了《园冶》的序言。此外，造园家张南垣与李渔也都与阮大铖有所来往。文震亨在他的诗集《文生小草·阮集之先生招集对菊》中，用诗文记录了当时他与阮大铖的密切关系。

<blockquote>泛交于我竟何关，独喜从公水石间①。</blockquote>

从诗文中可知，文震亨与阮大铖交往密切并一同游览名川，这对文震亨来讲是一件身心愉悦的事情，可见两人当时交情深厚。但此后因"福王"朱由崧在南京设立朝廷，阮大铖为了自身利益开始迫害东林党人士，至此，两人关系破裂。

文震亨在文学方面才华横溢，在文学创作、绘画、乐谱和造园等方面都颇有研究，在文学著作方面，他著有《长物志》《香草诗选》《文生小草》和《怡老园集》等；在绘画方面，有《秋山水榭图》《云山策杖图》《终南观瀑图》《白岳游图卷》《唐人诗意图册》《幽岭闲居》，《山水图》扇面，《杏花图》扇面等；在乐谱创作方面，著有《琴谱》②；在造园方面，营建了园林香草垞③和碧浪园等。其中在作曲和琴曲演奏方面的才能尤为突出，得到了崇祯帝的赏识。当时崇祯帝在位不久，宫中有百余古琴师，但未有擅长谱曲之人，文震亨的友人杨崇善便向崇祯

---

①毛艳秋.明代苏州文氏家族笔记研究[D].哈尔滨：黑龙江大学，2019.
②文震亨在作曲和演奏方面才能横溢，创作了《琴谱》（谢华，2010）。
③香草垞位于今苏州市，由冯氏家族的废园改造而成，园中有婵娟堂、绣铗堂、笼鹅阁、众香廊、斜月廊、啸台、玉局斋、乔柯、奇石、方池、曲沼、鱼床等丰富的景观要素（朴喜晟等，2016）。

帝举荐了文震亨，文震亨作曲献给了崇祯帝，崇祯帝看到文震亨所谱之曲后大为赏识，任命他为武英殿中书舍人。另一方面，古琴作为中国传统乐器，被赋予了修身的含义。在当时不仅受到崇祯帝的喜爱，也颇受文人雅士的喜爱（余皓，2015）。在中国园林绘画作品中，经常出现文人们在雅集活动中弹琴的场面，"以琴会友"成为文人们思想交流的手段，类似的是，韩国朝鲜王朝时期，文人以奏琴方式交友或送别知音的记录也不在少数①。此外，文震亨少年时期喜欢游览山水，为其创作山水绘画奠定了基础。其中文震亨与其兄文震孟一起完成了《山水图》扇面（图3-3），他还曾在王羲之的《快雪时晴帖》（图3-4）中题了跋文。大意如下。

　　　我非常珍爱这幅帖文，就连在园林中取凉亭的名字也要取"快雪"这个名字，天气晴朗的时候，和客人一起一整天欣赏它也不会觉得厌烦②。

　　从跋文内容可知，他对王羲之的《快雪时晴帖》情有独钟，故而将亭子命名为"快雪"，充分体现了文震亨对王羲之这幅字帖的珍爱。

图3-3　《山水图》扇面图中文震亨的画和文震孟的诗

（图片来源：[明]文震亨《山水图》，扇面、纸本、设色，17.5 cm×51.5 cm，美国加州大学伯克莱分校美术馆藏）

---

①根据《赠别权伴琴》，韩国最著名的园林家高山尹善道在57岁时，在海南金锁洞以演奏琴的方式，表达超凡脱俗的情怀（成锺祥，2010）。
②极珍重此帖，筑亭贮之，即以快雪名。每风日晴美，出以示客赏玩，弥日不厌。

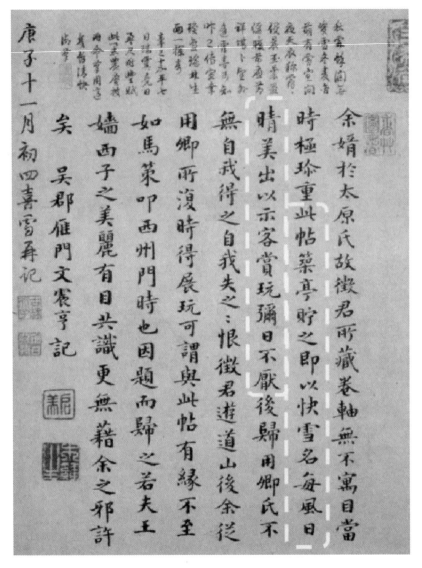

图 3-4 《快雪时晴帖》中出现的文震亨的跋文
（图片来源：[东晋]王羲之《快雪时晴帖》，墨迹、纸本、设色，23 cm×14.8 cm，台
北故宫博物院藏）

二、造园活动：以香草垞为代表

在造园方面，文徵明的父亲文林（1445—1499）①建造了停云馆，文徵明在停云馆旁边建造了玉磬山房，还绘有关于拙政园的绘画作品。而文徵明的曾孙文震孟修葺了艺圃，此后艺圃虽多次易主，但根据园林整体空间布局还是能推测出文氏家族的营园风格的。

文氏家族的后代文震孟和文震亨，在品位和情趣方面有相似之处。首先，从园林的名称可知，文震亨的"香草"与其兄文震孟的"艺圃"二字在解析上有相似之处，都象征了他们高尚的品行。其次，文震亨的香草垞中有婵娟堂、绣铗堂、笼鹅阁、众香廊、斜月廊、啸台、玉局斋、乔柯、奇石、方池、曲沼和鱼床等丰富的景观节点（王焕如，1990；冯桂芬，1991）。文震孟的艺圃中有博雅堂、赏月廊、思嗜轩、香草居、朝爽厅、乳鱼亭和爱莲窝等景观节点（林源等，2013）。其中香草垞的斜月廊与艺圃的赏月廊在功能上都是赏月佳所。香草垞内部景观节点的名称取自于明朝初期刘珏（1410—1472）《寄傲园十景》中《斜月廊》一诗（郭明友，2013；云嘉燕，2019）。

> 廊传踏月久，更获此为奇。
> 不在照能遍，无妨影乍敧。
> 槛承花始韵，檐阁树微亏。
> 何以添幽致，恰当弦上时。

根据史料记载，文震亨的香草垞是在他修葺冯氏废园后建成，现如今在苏州已看不到遗迹。文震亨所处时代社会混乱，为了规避战乱，他对自然山水倾注了后半生大部分的精力，对园林艺术有着独特的见解，热衷于造园活动，而其位于故乡苏

①文林（1445—1499）字宗儒，号衡山，文徵明父亲。著有《文温州集》《琅琊漫钞》。

州的私园香草垞，可以说是他"避居山水"之所。关于香草垞内部丰富的景观要素，明代顾苓（1609—1682）的《塔影园集》描述如下。

> 水木清华，房栊窈窕，阛阓中称名胜地[1]。

从文中可推测，当时文震亨居住的香草垞，内部园林要素相得益彰、互为借景。我们可以想象，园主人文震亨时而独处于此，时而与友人在园林里一起欣赏园中美景，陶醉其中。由此可知，园林是文震亨个人自省的空间，也是邀友人共享园林文化的半开放的空间。除香草垞外，他还有另有两处园林，一处名为"碧浪园"，位于苏州西郊；一处名为"水嬉堂"，位于南京。

---

[1]水清木茂，建筑物和栏杆美丽，堪称吴中胜地（邓长风，1995）。

第二节　李渔的生平和作品

一、出身：市井阶层

1. 生平：不断打破局限

李渔，字笠鸿、谪凡，号笠翁、湖上笠翁、随庵主人等。明万历三十九年（1611）出生于江苏省如皋，康熙十九年（1680）去世。

少年时期，李渔家庭条件富裕，加上自小聪明勤奋，表现出了卓越的文学才能，他曾在自家门前种下一棵梧桐树，到了新年就在梧桐树上刻诗，鼓励自己努力学习。但李渔十九岁那年，也就是崇祯二年（1629）时，他的父亲病逝，家境开始衰落。于是李渔就回到原籍兰溪县居住，在此期间，他娶了兰溪县徐村徐氏为妻。徐氏出身农家，虽然没接受过教育，但心地善良。在李渔的诗文中多次提及的"山妻"，指的就是徐氏。李渔在二十五岁那年，也就是明崇祯八年（1635），首次参加了童试[①]，被录用为秀才[②]，当时担任浙江按察金事的许豸[③]也称赞李渔才能出众。李渔取得秀才后的第四年，也就是明崇祯十二年（1639），他又去杭州参加了乡试，未中。三年后的崇祯十五年（1642），为了参加明朝的最后一次乡试，他再次去杭州应试，但此时正值战乱，局势混乱不安，只能中途返回。至此，李渔的入仕梦想破灭了。此后，便处于明清两大王朝更迭的动乱时期。李自成的农民起义军攻占了北京城，推翻了明朝，不久清军占领了北京，建立了清朝政权，战乱蔓延到了江浙一带。在战争时期，李渔亲身感受到了百姓在战乱中遭受的疾苦，连他自身的住处也被战火摧毁。顺治三年（1646），清军攻陷了金华。此后不久，清朝统一了全国。为躲避战乱，李渔回到了兰溪夏李村。由于经历了多次战乱，李渔对仕途已不再抱有幻想，

[①]清朝科举制度包括童试、乡试、会试、殿试四部分，童试是清朝科举考试的第一部分。

[②]"秀才"是指学问和才能非常优秀的人。后汉时期，为避光武帝刘秀之讳，称为茂才。到了明清，府学、州学、县学的学生被称为"秀才"（徐连达，1991）。

[③]许豸字玉史，明崇祯末期进士。为官期间，为百姓筑堤防洪，当时李渔的生活很艰难，得到了许豸经济上的帮助（俞为民，2004）。

他还表示不会步入清朝做官，并隐居于此。后来在友人的协助下，在伊山宗祠后买了一块土地，建造宅园居住，取名"伊山别业"（伊园）（图 3-5、图 3-6）。

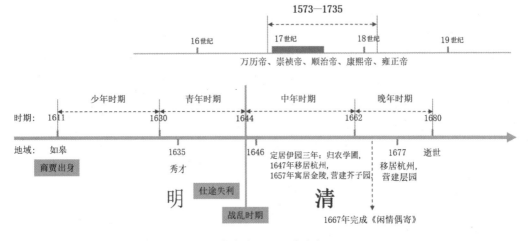

图 3-5　李渔生平重要事迹概况
（参考资料：[清]李渔.李渔全集·第十九卷·李渔年谱与李渔交游考 [M].
单锦珩，汇编.浙江古籍出版社，1988；图片来源：作者自绘）

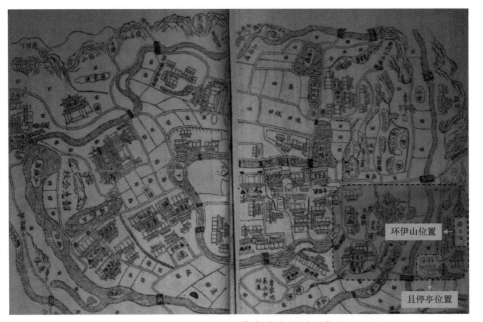

图 3-6　环伊山以及且停亭的空间地理位置
（图片来源：https://www.sohu.com/a/276353375_775922）

伊山别业也称伊园，是李渔最早展现造园才能的杰作。伊园位于伊山山麓，临近水源，依据地势设计[①]。根据《伊园杂咏》所述，园内有宛转桥、停舸、燕又堂、宛在亭、打果轩、蟾影、踏影廊、来泉灶等丰富的景观节点，巧妙地结合了堂、轩、廊、桥等景观要素，整体园林景观错落有致。此外，他还在园林中设计了方池。

> 方塘未敢拟西湖，桃柳曾栽百十株；
> 只少楼船载歌舞，风光原不甚相殊。

诗中描述的桃树、柳树红绿相间的种植方式，与计成《园冶》中的"桃柳成蹊，楼台入画"有异曲同工之妙。伊园的园林布局虽然简单，但散发着浓郁的乡村风情，可以尽情享受大自然的"山水如图"和"鸟语花香"。《伊园杂咏》《伊园十便》《伊园十二宜》等数十篇诗文都描绘了伊园的美丽景色。这期间，李渔也想仿照唐代诗人王维的"辋川别业"，隐居于山林[②]。

李渔还在《伊园十二宜》中提及了伊园内十二种适宜的事情，如耕作、垂钓、灌园、供水、采樵、放夜、吟诗和眺望等，其中他最常做的事情便是垂钓，他在很多诗句中用了鱼、垂钓、渔夫等词汇。李渔在伊园内如同神仙一般生活，他还把自己在园林里的这种闲情逸致写成诗送给友人。

> 山麓新开一草堂，容身小屋及肩墙。
> 闲云护榻成高卧，静鸟依人学坐忘。
> 酒在邻家呼即至，果生当面看犹尝。
> 高朋若肯闲相踏，趁我苔痕未满廊。

[①]伊山在漷之西鄙，舆志不载，邑乘不登，高才三十余丈，广不溢百亩，无寿松美箭，诡石飞湍足娱悦耳目，不过以在吾族即离之间，遂买而家焉（杜书瀛，2014）。

[②]此身不作王摩诘，身后还须葬辋川（杜书瀛，2014）。

从诗中可知，园林中有新建的草堂、硕果累累的果树，还有长满可爱苔藓的廊道。李渔在独处时，与"闲云"和"静鸟"为伴。可见，李渔在伊园里的生活非常悠闲舒适。李渔隐居伊园虽仅三年，但这段时间的生活最让他难忘，后来李渔移居城市，也时常回忆起在伊园的这段悠闲自在的时光[1]。

不仅如此，李渔在伊园生活期间，对夏李村的公益事业也非常关心，在他的倡议下，村里修建了石坪坝连接附近两条小溪，打通了河道；并在村子附近挖了池塘，引来了溪水。这些水利工程的建成大大改善了当地的农田灌溉和人们的饮水问题。这些工程李渔均进行了实地考察，并参与了具体的设计，他因此受到了乡里人的尊敬。顺治八年（1651），四十一岁的李渔被族人拥戴为祠堂总理。此外，他还在夏李村附近营建了凉亭，名为"且停亭"（图3-7、图3-8、图3-9）[2]。在亭的两侧，还有李渔亲笔书写的对联：

> 名乎利乎，道路奔波休碌碌。
> 来者往者，溪山清静且停停。

对联表达了李渔营建凉亭的主要目的是给路人提供便利。在夏李村生活期间，他虽然生活得很悠闲，但从未忘记为社会做些力所能及的事情。虽然隐居在山林中，但实际上他内心深处想要建功立业的梦想仍在。换言之，李渔内心依然存在"入仕"的想法，这也是他决定离开夏李村的主要原因。

顺治八年（1651）以后，李渔卖掉亲自营建的伊园别业，举家迁居杭州，开始了"卖赋糊口"[3]的生活。此时的李渔开始了他的戏剧创作，创作的主要内容是迎合当时

---

[1] 后此则徙居城市，酬应日纷，虽无利欲熏人，亦觉浮名致累。计我一生，得享列仙之福者，仅有三年（单锦珩，1988）。

[2] 里之北有且停亭，笠翁公所造也。观其地有伊山环拱屏障于后，清流激湍回环左右，便行人之往来，故作亭于其上，名为十济庵且停亭，备十景也（《光绪兰溪县志·卷三》）。

[3] "卖赋糊口"是指出售诗歌来养家糊口（杜书瀛，2014）。本书中的"卖赋糊口"是指出售由李渔亲自创作的戏剧剧本或小说作品来维持生计。

图 3-7 现在从伊山且停亭的位置眺望夏李村的全景

图 3-8 现在且停亭的外观和周边环境

图 3-9 现在石坪坝周边环境特征

普通市井阶层。李渔的戏剧剧本和小说非常畅销，供不应求，他当时创作了《怜香伴》《风筝误》《意中缘》等作品。在杭州生活了七八年的李渔为了生计，在卖戏剧剧本和小说作品的过程中，还与当时被称为"西泠十子"①的陆圻等许多名流来往，他因自身才能和人际交往能力在地域文坛崭露头角。

在一切看似都很顺畅的生活下，李渔突然又决定移居金陵，主要原因是当时金陵有很多出版商侵犯了他的著作权。为了阻止著作权被持续侵害，他决定去当地制止。加上李渔心中一直有入仕的念想，因而离开杭州去了金陵。而后李渔在金陵营建了芥子园，他的戏剧和绘画等主要文艺创作活动，都是在他所营建的芥子园中进行的。李渔在芥子园生活了二十年，是其生平生活最久的一个宅园，在芥子园中，他组织女婿等人编纂了《芥子园画谱》（因作品是在芥子园里完成的，所以被命名为"芥子园画谱"）。这部著作出版后获得大众追捧，多次再版。此外，《资治新书》《笠翁论古》《闲情偶寄》也是在芥子园里完成编写。《闲情偶寄》使用的绘画技法，在李渔实际造园中应用甚广。可见，绘画技法和造园关系的密不可分。

李渔移居金陵后，为了维持生计，除了著书贩卖书籍外，还组建家庭戏班自导自演，在全国各地巡演。李渔带领他组建的家庭戏班，应邀到各地为达官贵人演出，并得到了他们的赞助。演出场所有时在李渔个人私园搭建的戏台上，有时在达官贵人的私园中。现如今我们参观江南园林时，也时常能听到悠扬动听的戏剧。此外，作为表演艺术的场所，园林中多设有戏台空间。李渔的戏班当时因两个才女而闻名，而李渔则扮演了戏班的主人、编剧和导演三个角色。但之后，随着主演的两名才女相继去世，李渔的戏班也逐渐走向衰落。

李渔在金陵的时光，是李渔事业的巅峰期，他生平的主要文艺活动包括著作、戏剧、绘画、造园等，都是在芥子园中展开的。在芥子园生活了二十年，晚年的他对西湖念念不忘，一直有隐居西湖的想法，最终卖掉芥子园，在康熙十六年（1677）

---

① "西泠十子"指清朝顺治和康熙年间杭州诗人陆圻、柴绍炳、沈谦、陈廷会、毛先舒、孙治、张纲孙、丁澎、虞黄昊和吴百朋。

从金陵举家又迁居到杭州。在杭州，李渔购买了位于吴山东北麓的旧茅屋，在这里营建了层园。李渔在回到杭州三年后，在康熙十九年（1680）病逝，享年六十九岁，被安葬在西湖附近的方家峪九曜山脚下。回顾李渔的一生，可以将其划分为两个阶段。晚明他主要专心于仕途之路，但因明朝灭亡而化为泡影；清初是他小说创作、戏剧剧本编撰等文学创作阶段，发挥了自己的才能。即在明末清初动乱的社会背景下，李渔创造了他自己独有的生活方式和生活情趣。

2. 出身：药商家庭

李渔出生于江苏省如皋市的一个药商家庭，祖籍浙江省兰溪市夏李村。伯父李如椿和他的父亲李如松都曾在浙江省兰溪市经营药材生意。兰溪市位于三江（衢江、金华江、兰江）交汇处，水运便利。药材交易都汇集在此，形成了一定规模的药材市场。便利的交通使兰溪具有得天独厚的区位条件。李渔在少年时代，家庭条件比较富裕，有良好的学习环境。但从李渔的家谱来看，祖籍上没有人做过显赫的高官。由此，李渔的父亲并不寄希望于他能够考取功名，但李渔的母亲十分重视他的学业。而青少年时期的李渔，也把通过读书来获得功名作为自己的人生追求。但由于父亲患病和战乱等原因，李渔的仕途之路并不顺遂。

3. 交游和主要的文艺活动

李渔在金陵的二十年是他与众多名人交游的重要阶段，据记载，他的交友人数有八百多人。其中，既有地位较高的宰相、大学士等，也有普通市井阶层的"三教九流"[①]，跨越了 17 个省 200 多个县（杜书瀛，2014）。可见，李渔在文人士大夫和普通市井阶层之间有丰富的人脉资源。由此也能推测出对李渔文学创作的支援者相对多元化，同时，他也通晓人情世故，这为他日后的文学创作提供了更为丰富的素材。

---

①三教是指儒、释、道三教。九流是指先秦至汉初的九大学术流派，儒家者流、阴阳家者流、道家者流、法家者流、农家者流、名家者流、墨家者流、纵横家者流和杂家者流。

李渔尤擅长以诗文和戏剧结识名士，与社会各阶层有着广泛而频繁的交往。据记载，清初吴伟业、钱谦益、龚鼎孳这"江左三大家"①，王士祺等"海内八大家"②以及"西泠十子"中大多数人都与他交好。可以说，"交游"使李渔获得了物质和精神层面的满足。当时交通条件相对发达，他携带家口走遍了大江南北（包括京师、河北、河南、福建、湖北、湖南、广东省等）。

二、造园活动：以芥子园为代表

李渔自称"生平有两绝技，自不能用，而人亦不能用之，殊可惜也。人问：绝技维何？予曰：一则辨审音乐，一则置造园亭"。可见，他亲自设计建造了多处著名的园宅（表3-1）。最为著名的有三处，即伊园、芥子园、层园。

从顺治四年（1647）起，李渔在故乡夏李村首次营建了伊园，他效仿唐朝王维，过着隐居山林的生活。不仅如此，在夏李村伊园居住期间，他还关心夏李村石坝修建等公共事业，并在村子附近建造了一处名为"且停亭"的凉亭，供行走的过客歇脚乘凉。顺治八年（1651）以后，李渔卖掉亲自营建的伊园，举家迁居杭州，并因"卖赋糊口"在杭州文坛崭露头角。顺治十四年（1657），李渔又举家迁至金陵，营建了芥子园，并在芥子园里撰写了《资治新书》《笠翁论古》等著作，本文的研究对象《闲情偶寄》也是在芥子园中完成的。李渔晚年隐居杭州，在西湖附近建造了层园。此外，据《鸿雪因缘图记》记载，京城贾汉复（1605—1677）半亩园中的假山也出自李渔之手。从李渔一生的造园活动来看，他为自己营建的园林不仅是他的私人生活空间，还是其文学创作的主要生产空间和园林文化活动空间。

---

① "江左三大家"是指中国清朝时期的诗人吴伟业、钱谦益、龚鼎孳三人，因在长江下游一带进行创作活动而得名。
② "海内八大家"是指王士祺、施闰章、宋荔裳、周亮工、严灏亭、尤侗、杜濬和余怀。

表 3-1　李渔营建的园林概况

园林名称	位置	建园时间	备注
伊园	兰溪	顺治三年（1646）	展现李渔超凡造园才能的第一个作品，具有独创性的设计和布局。与伊园相关的作品有《伊园十便》《伊园十二宜》等。此外，他还在村中建造了石坝、亭子"且停亭"
芥子园	金陵	顺治十四年（1657）	在芥子园内完成了《芥子园画谱》《资治新书》《笠翁论古》等著作，本文的研究对象《闲情偶寄》也是在芥子园中完成
层园	杭州	康熙十六年（1677）	晚年隐居杭州时，在西湖附近造就的第三座园林

三、李渔和文震亨造园基本目标和价值导向

李渔和文震亨所营建的园林大多是作为自己的居所，换言之，作为明朝遗民的他们是为了"避居山水"。本书以文震亨的香草垞和李渔的芥子园为研究重点，发现他们二人营园有以下几个基本目标和价值指向。

首先，他们起初都积极入仕，试图通过仕途为朝廷做贡献，从而实现自我价值。文震亨是文人士大夫阶层的代表，具有名门望族的家庭背景，但在明朝后期由于朝廷阉党掌权，其仕途受挫败。位于故乡苏州的个人宅园香草垞，可以说是文震亨躲避战乱的心灵慰藉之所，他所著的《长物志》是在香草垞中完成的，著作内容也映射了他实际的园林设计理念。和文震亨类似，李渔在内忧外患的社会背景下，仕途并不顺遂。可以说，他们二人都存在避世的心态。在明清两朝更迭之际，李渔为了规避战乱，选择了回夏李村，在夏李村营建了他人生第一座园林伊园，虽然他在伊园仅仅生活了三年，但这是李渔人生最难忘的一段时光。清朝时期，为了生计以及内心深处的入仕的梦想，李渔最终还是选择了离开夏李村，举家迁居到了杭州，但后来因为他的著作常被侵权，又举家迁居金陵，在金陵营建了著名的芥子园。根据《闲情偶寄》记载，芥子园虽小，但具有巧妙的空间布局，李渔通过来山阁、浮白轩、栖云谷、月榭、歌台等建筑，构建了内容丰富的庭园空间。与文震亨不同，芥子园不仅是李渔的生活空间，也是他开展各种文学创作活动的场所。晚年李渔在西湖附

近建造了层园，将隐逸的生活态度反映到了营建园林设计上。

　　总之，文震亨的园林选址位于城市，而李渔的园林选址在初期虽然位于郊外，但其居住时间有二十年之久的芥子园位于城市。通过文震亨的香草垞和李渔的芥子园来看，为自身营建园林的基本目标和价值指向均是为了躲避战乱。但由于他们的生活背景及人生阅历不同，文震亨和李渔的差异在于李渔所营建的私家园林不仅是他的生活空间，也是他通过文学创作获取经济来源的场所。

第三节　对《长物志》和《闲情偶寄》的解读

一、《长物志》

1. 著书背景

文震亨（1585—1645）《长物志》的著作时间尚不明晰。有记载称他年近三十六岁（1621）开始撰写《长物志》，如果按照当时各宫阙监修者的生卒年代来算，很有可能是经过很长时间完成的（朴熙晟，2016）。此外，在《长物志·序》中文震亨的友人沈春泽[①]提到，他曾访问过香草垞的婵娟堂和玉局斋，由此推测《长物志》完成的时间应该是在 1644 年以后。《长物志·序》中内容如下。

　　　　即余日者过子，盘礴累日，婵娟为堂，玉局为斋，令人不胜描画。

值得强调的是，根据当时各宫阙监修者的生卒年代和《长物志·序》的记录，还可以推测出文震亨撰写《长物志》的意图。《长物志·序》的内容如下。

　　　　吾正惧吴人心手日变，如子所云，小小闲事长物，将来有滥觞而不可知者，聊以是编堤防之。

上述内容讲述了文震亨担忧明代文人士大夫们受当时不断变化的社会风尚的影响而逐渐失去了文人特有的"雅"的气质。因此，该著作通过日常琐碎闲暇之事，概述了明朝中期文人士大夫们的审美情趣。书中还包含了文震亨的个人生活情趣和哲学思想。

[①]明代苏州府常熟人，字雨若，才情焕发，能诗善画，是文震亨的好友，同为明代名士。

2. 著作的体系和主要内容

陈从周教授在为《〈长物志〉校注》作序时评论道：

> 盖文氏之志长物，范围极广，自园林兴建，旁及花草树木，鸟兽虫鱼，金石书画，服饰器皿，识别名物，通彻雅俗[①]。

文震亨在造园方面积累了丰富的实践经验，并在《长物志》中进行了详细的描述。所谓"长物"，是指"遗留物品、奢侈品"之意，全书分为室庐篇、花木篇、水石篇、禽鱼篇、书画篇、几榻篇、器具篇、衣饰篇、舟车篇、位置篇、蔬果篇、香茗篇共十二篇。其中，与园林要素直接相关的有六篇，分别是室庐篇、花木篇、水石篇、禽鱼篇、舟车篇和位置篇，本文选取了室庐篇、花木篇、水石篇和禽鱼篇进行整理研究。

室庐篇按建筑类别分为堂、山斋、长室、佛堂、茶室、琴室、浴室、楼阁、台等，按建筑物的附属设施类别有门、阶梯、窗户、栏杆、照壁等。花木篇共涉及47种植物，供园林种植和观赏，花木的种类包括牡丹、芍药、玉兰、海棠、山茶、桃、李、杏、梅、瑞香、木香、玫瑰、紫荆、棣棠、紫薇、石榴、芙蓉、蒼卜、茉莉、素馨、夜合、杜鹃、松、木槿、桂、柳、黄杨、槐、榆、梧桐、椿、银杏、乌桕、竹、菊、兰、葵花、罂粟、萱花、玉簪、金钱、荷花、水仙、凤仙、秋色、芭蕉等。不仅如此，对适合插花和盆栽的植物也提出了相应的配置建议。水石篇的内容是园林中的水和山石，水包括广池、小池、瀑布、凿井、天泉、地泉、流水、丹泉；山石主要有11种，提出了各自的叠山技法，这11种山石分别是灵璧石、英石、太湖石、尧峰石、昆山石、锦川、将乐、羊肚石、土玛瑙、大理石、永石。禽鱼篇讲述了园林中不可或缺的要素，包括鸟类和鱼类等。舟车篇提及了当时文人士大夫阶层出行时喜好的四种交通工具，包括巾车、篮舆、舟、小船。位置篇详细记录了各类物品的合理安放位置，其中还

---

①陈植. 长物志校注 [M]. 南京：江苏科学技术出版社，1984.

有与园林中的建筑物（如小室、卧室、亭榭、敞室、佛室等）相关的内容。此外，与文人士大夫生活相关的六方面内容分别是书画篇、几榻篇、器具篇、衣饰篇、蔬果篇和香茗篇。这六方面也是在当时文人士大夫日常生活中经常接触到的，反映了他们特有的生活态度和价值观。根据《长物志》目录的顺序，将其内容概况整理如表 3-2 所示。

表 3-2　《长物志》内容概况

目录	内容	备注
卷一（室庐）	门，阶，窗，栏杆，照壁，堂，山斋，丈室，佛堂，桥，茶室，琴室，浴室，阶径，楼阁，台，等	建筑物以及附属建筑物
卷二（花木）	牡丹，芍药，玉兰，海棠，山茶，桃，李，杏，梅，瑞香，蔷薇，木香，玫瑰，紫荆，棣棠，紫薇，石榴，芙蓉，蔷卜，茉莉，素馨，夜合，杜鹃，松，木槿，桂，柳，黄杨，榆，梧桐，椿，银杏，乌桕，竹，菊，兰，葵花，罂粟，萱花，玉簪，金钱，荷花，水仙，凤仙，秋色，芭蕉，等	植物的种植场所，植物的特征、观赏方式、象征性
卷三（水石）	广池，小池，瀑布，凿井，天泉，地泉，流水，丹泉，灵璧石，英石，太湖石，尧峰石，昆山石，锦川，将乐，羊肚石，土玛瑙，大理石，永石，等	理水形态和山石
卷四（禽鱼）	鹤，鹨鹕，鹦鹉，百舌，画眉，鹳鸽，朱鱼，蓝鱼，白鱼，鱼尾，观鱼，吸水，水缸，等	园林中驯养的动物
卷五（书画）	论书，论画，书画价，古今优劣，粉本，赏鉴，绢素，御府书画，院画，单条，名家，宋绣，宋刻丝，装潢，法糊，裱轴，藏画，小画匣，卷画，法帖，南北纸墨，古今帖辨，装帖，宋板，月令，等	书画的优劣评定标准
卷六（几榻）	榻，短榻，几，禅椅，天然几，书桌，壁桌，方桌，台几，椅，杌，凳，交床，橱，架，佛橱，佛桌，床，箱，屏，脚凳，等	室内家具
卷七（器具）	香炉，香盒，隔火，匙箸，箸瓶，袖炉，手炉，香筒，笔格，笔床，笔屏，笔筒，笔船，笔洗，水中丞，水注，糊斗，蜡斗，镇纸，压尺，秘阁，贝光，裁刀，剪刀，书灯，灯，镜，钩，束腰，禅灯，香橼盘，如意，麈，钱，瓢，钵，花瓶，钟磬，杖，坐墩，坐团，数珠，番经，扇，扇坠，枕，簟，琴，琴台，砚，笔，墨，纸，剑，印章，文具，梳具，铜玉雕刻，窑器，等	室内器具
卷八（衣饰）	道服，禅衣，被，褥，绒单，帐，冠，巾，笠，履，等	与服饰相关的内容
卷九（舟车）	巾车，篮舆，舟，小船，等	交通方式
卷十（位置）	坐几，坐具，椅，榻，屏，架，悬画，置炉，置瓶，小室，卧室，亭榭，敞室，佛室	器物的合理安放位置

续表

目录	内容	备注
卷十一（蔬果）	樱桃，桃，李，梅，杏，橘，橙，柑，香橼，枇杷，杨梅，葡萄，荔枝，枣，生梨，栗，银杏，柿，花红，菱，芡，五加皮，白扁豆，菌，瓠，茄子，芋，茭白，山药，芜菁	与蔬果有关内容
卷十二（香茗）	伽南香，龙涎香，沉香，片速香，唵叭香，角香，甜香，黄香饼，黑香饼，安息香，暖阁，芸香，苍术，品茶，虎丘，天池，岕茶，六合，松萝，龙井，天目，洗茶，候汤，涤器，茶洗，茶炉，汤瓶，茶壶，茶盏，择炭	香氛、茶道以及茶的种类

（资料出处：参考陈植（1984）、金宜贞等（2017）的著作整理）

二、《闲情偶寄》

1. 著书背景

顺治十四年（1657），李渔携家人移居到金陵，他在康熙六年（1667）将近五十六岁时开始了《闲情偶寄》的编写，历时数载完成后多次刊刻出版。在此期间李渔营建了芥子园，芥子园不仅是他的居所，也是他经济收入的主要场所，他的文学创作活动都是在芥子园里进行的。他撰写《闲情偶寄》是为了迎合当时普通市井阶层的喜好。据《笠翁一家言文集·笠翁文集卷三·与徐冶公二札》记载：

今人喜读闲书，购新剧者十人而九，名人诗集，问者寥寥。

通过以上内容可知，和文震亨一样，李渔的《闲情偶寄》也如实反映了明末清初的社会风气，人们主要是追求悠闲情趣。不仅如此，也包含着他个人的生活情趣和哲学思想。

2. 著作体系和主要内容

林语堂在谈到《闲情偶寄》这本书时说：

在李笠翁（17世纪）的著作中，有一个重要部分专门研究生活的乐

趣，是中国人生活艺术的袖珍指南，从住宅与庭园，屋内装饰，界壁分隔
到妇女的梳妆，美容，施粉黛，烹调的艺术和美食的导引等，都是这位伟
大艺术家的真实独白，也是当时中国人精神的本质。

　　《闲情偶寄》的撰写开始于康熙六年（1667），后经过多次修改。《闲情偶寄》
中的"闲情"指的是悠闲的生活情趣，"偶寄"表示寄托的意思，表达了李渔希望
通过著作内容寄托自己的闲情逸致。在传统文人社会，"闲情"意为隐士们的理想
生活态度，即放弃仕途，过着田园生活，享受悠然自得的自然风情的隐者生活，在
这里也可看作区别于文人士大夫阶层的一种市井阶层的生活态度。

　　《闲情偶寄》由八部分组成。其中，词曲部和演习部主要讲述戏曲的演出和演
员的培养。声容部讲述了对女人容貌的评价及日常生活文化，居室部讲述了居住生
活，器玩部讲述了家具和多种器物，饮馔部讲述了料理方法，种植部讲述了各种花
卉的栽培及观赏方法。

　　其中与园林要素直接相关的有三个部分，分别是居室部、器玩部和种植部。居
室部共有五章，第一章为房舍，第二章为窗栏，第三章为墙壁，第四章为联匾，第
五章为山石，并以此论证建房、建园的规范。器玩部包含制度和位置两章。种植部
共有四章，记述了各种园林植物的栽培、鉴赏方法等相关内容，分别由第一章 24
种木本植物，第二章 9 种藤蔓植物，第三章 15 种草本植物，第四章 9 种观赏植物
和第五章 12 种竹类植物，共 69 种植物的应用方式及其象征意义构成。《闲情偶寄》
内容概况如表 3-3 所示。

表 3-3　《闲情偶寄》内容概况

目录	内容	备注
卷一（词曲部）	结构第一，词采第二，音律第三，宾白第四，科诨第五，格局第六	戏曲的演出和演员的培养
卷二（演习部）	选剧第一，变调第二，授曲第三，教白第四，脱套第五	
卷三（声容部）	选姿第一，修容第二，治服第三，习技第四	对女人容貌的评价及日常生活文化

续表

目录		内容	备注
卷四（居室部）	房舍第一	向背, 途径, 高下, 出檐深浅, 置顶格, 墁地, 洒扫, 藏垢纳污	有关造园理论的内容
	窗栏第二	制体宜坚, 取景在借	
	墙壁第三	界墙, 女墙, 厅壁, 书房壁	
	联匾第四	蕉叶联, 此君联, 碑文额, 手卷额, 册页匾, 虚白匾, 石光匾, 秋叶匾	
	山石第五	大山, 小山, 石壁, 石洞, 零星小石	
卷五（器玩部）		制度第一, 位置第二	家具和多样的器物
卷六（饮馔部）		蔬食第一, 谷食第二, 肉食第三	与饮食有关的内容
卷七（种植部）	木本第一	牡丹, 梅, 桃, 李, 杏, 梨, 海棠, 玉兰, 辛夷, 山茶, 紫薇, 绣球, 紫荆, 栀子, 杜鹃, 樱桃, 石榴, 木槿, 桂, 合欢, 木芙蓉, 夹竹桃, 瑞香, 茉莉	植物的栽培场所、植物特征、观赏方式、象征性
	藤本第二	蔷薇, 木香, 酴醾, 月月红, 姊妹花, 玫瑰, 素馨, 凌霄, 珍珠兰	
	草本第三	芍药, 兰, 蕙, 水仙, 芙蕖, 罂粟, 葵, 萱草, 鸡冠, 玉簪, 凤仙, 金钱, 蝴蝶花, 菊, 菜	
	众卉第四	芭蕉, 翠云, 虞美人, 书带草, 老少年, 天竹, 虎刺, 苔, 萍	
	竹木第五	竹, 松, 柏, 梧桐, 槐, 榆, 柳, 黄杨, 棕榈, 枫, 柏, 冬青	
卷八（颐养部）		行乐第一, 止忧第二, 调饮啜第三, 节色欲第四, 却病第五, 疗病第六	行乐、养生以及治病的方法

（资料来源：参考单锦珩（1988）、金宜贞（2018）的著作整理）

此外，《闲情偶寄》还包含了李渔崇尚自然的哲学思想，即崇尚造物自然的道法自然。《闲情偶寄·凡例七则·四期三戒》中也将"庄论"写进了此书。相关内容的解释如下。

最近，人们热衷于读充满闲情逸趣的著作，一听老庄的论著就畏惧，而我本人（李渔）想劝世人们读老庄思想，却没力气劝读。因此，我产生了用容易理解的简单方式进行解说的想法[①]。

上述内容描述了李渔想要简单明了地解析老庄思想的追求。李渔崇尚老庄自然的哲学思想，其思想贯穿于《闲情偶寄》始终。此外，《闲情偶寄》还强调消除繁杂和奢侈，提倡简洁和节俭的生活态度，表明在土木建设过程中最忌讳奢侈和浪费。不仅是普通市井阶层，士大夫阶层也应该崇尚节俭[②]。李渔除了倡导世俗的人们不奢侈、养成节俭的生活习惯外，还和文震亨一样，秉承"宜简不宜繁"和"以少为贵"的生活态度，倡导在园林营建中去除不必要的烦琐之物。

[①]然近日人情喜读闲书，畏听庄论，有心劝世者正告则不足，旁引曲譬则有余（单锦珩，1988）。
[②]土木之事，最忌奢靡。匪特庶民之家当崇俭朴，即王公大人亦当以此为尚（单锦珩，1988）。

第四节　小　结

本章从两个层面剖析了文震亨和李渔这两位造园家，一是他们性情特征的共同点和差异点；二是他们代表著作的特征。

1. 两位造园家性情特征的共同点和差异点

两位造园家性情特征的共同点是崇尚自然山水和追求俭朴的生活态度。崇尚自然山水的性情可以说是明末清初各阶层统一的一种社会风尚。特别是在政治上未能如愿的文人士大夫阶层，希望在江南地区过隐逸、悠闲的生活。可以说，他们的文学创作灵感或素材大部分来源于自然山水。他们通过游览名山大川，积累人生阅历，也为文学创作提供了素材。关于俭朴的生活态度，综合当时社会背景来看，明朝末年国家财政出现赤字，通过倡导节俭的生活态度，可以减轻明朝末年的整体社会压力。

两位造园家性情特征存在差异性。首先，文震亨为文人士大夫阶层，在严格的文氏家族环境里成长，受到了曾祖父文徵明的影响。从文氏家族在朝廷的任职经历可知，他们对明朝十分忠诚，与阉党不同流合污。明朝灭亡后，文震亨绝食殉国也映射出他高尚的品格，可以说他的一生也随着明朝的灭亡而结束。另一方面，文震亨从事文学创作时结交的赞助者以与其志趣相投的文人居多。代表一般市井阶层的李渔，他在文学方面的才华，并没有受到家庭的影响，他的一生可以说是为生计奔走。明朝灭亡时，李渔也暂时隐居山林，后来在清朝社会稳定后开始寻找人生新的突破口，即迎合大众喜好的文学创作。李渔因从事文学创作结下了广泛的人脉，从他交往的友人来看，上至达官贵人和名门望族，下至"三教九流"，其中大部分人都是有助于他文学创作的志同道合的文士。

2. 两部著作的共同点和差异点

正如前文所述，两部著作的共同点是文本的结构体系均由小标题构成。每个主题在导入部分简略地介绍必要的规范或原则后又分成多个小题，然后列举具体实例进行说明。例如，在文震亨《长物志》的花木篇中，提出了适合栽培植物的场所和植物的欣赏方式。此外，他还简要介绍了哪些植物适合群植、哪些植物适合单植等。

和文震亨一样，李渔在《闲情偶寄·种植部》中，根据根系特性，把草木的种类分为木本、藤本和草本。

　　而根据《长物志·序》的内容，《长物志》整个文脉的特征是删繁去奢①。不仅如此，关于造园理论的规范和原则也包含在文脉中。最重要的是，文震亨作为文人士大夫阶层的代表人物，对市井阶层的"俗文化"进行了批判，并对士大夫阶层必须遵循的"雅文化"提出了建议，他的友人沈春泽表示，只有拥有"真韵致"和"真才情"的人才能理解文震亨本人著作中的深意。文震亨著作的读者主要是文人士大夫阶层。相反，与《长物志》相比，李渔《闲情偶寄》的内容简明易懂，并且李渔通过幽默风趣的笔触，浅显易懂地解析了单调枯燥的老庄理论。这也是《闲情偶寄》当时受到普通市井阶层喜爱的主要原因之一。

---

①法律指归，大都游戏点缀中一往，删繁去奢之意存焉。岂唯庸奴、钝汉不能窥其崖略，即世有真韵致、真才情之士，角异猎奇，自不得不降心以奉启美为金汤（金宜贞等，2017）。

第四章

以《长物志》和《闲情偶寄》
为中心的造园理论整理

第一节　造园理论分析研究框架构建

一、文献研究

为构建本研究的基本研究框架，本书首先进行研究方法的先行研究，彭一刚（1986）的《中国古典园林分析》图文并茂地论述了中国传统园林的造园手法，包括内向与外向、看与被看、主从与重点、空间的对比、藏与露、引导与暗示、疏与密、起伏与层次、虚与实、蜿蜒曲折、高低错落、仰视与俯视、渗透层次与空间序列等，该著作对近现代的造园实践具有教科书式的指导作用。汪菊渊（2006）《中国古典园林史》中，以中国造园历史的发展趋势为基础，通过讲解掇山置石、理水、植物等园林要素，并结合具体案例，全面分析解读了中国园林的历史。同样，曹林娣（2009）在《中国园林艺术概论》中详细解释了中国园林历史沿革，并从园林的掇山置石、建筑、理水、植物四个方面论述了中国园林的艺术特征。

孟兆祯（2012）的《园衍》以计成的《园冶》为基础，以借景为核心，对明旨、立意、问名、相地、布局、掇山置石等造园手法进行了重新解析，并结合实际项目，对传统园林营建方法进行了创新性的理论总结。李正（2010）的《造园意匠》通过园林选址、掇山理水、空间布局、建筑、动线等方面的论述，并结合实际园林案例解读了相应的造园理论。孙筱祥（2011）的《园林艺术和园林设计》中，根据园林布局的基本原则，从园林地形及水空间、建筑和附属构筑物、动植物、动线等方面，结合实际园林案例分析了中国园林艺术和园林设计特征。在思想层面上，张家骥的《中国造园论》以中国哲学思想为核心，分析中国传统园林的造园思想。金学智（2005）的《中国园林美学》以园林美学为基础，系统地对园林整体空间布局、园林要素进行分类，通过分析园林与其他艺术的共同点重新审视了中国园林相关理论。

韩国和日本的园林理论，也同上文提及的内容相似，从整体空间布局、园林要素、哲学思想三个层面进行了分析。例如，韩国传统造景学会（2009）的《东洋造景文化史》在分析园林时从整体空间布局、园林要素两方面展开论述，根据实际案例对东亚传统园林进行了解释。冈崎文彬（1976）的《图说造园大要》中，通过理水、石组、植物等园林要素的整体空间布局以及实际案例对造园技法进行了解释。前文针对文震亨《长物志》和李渔《闲情偶寄》的国内外文献研究发现，既有研究基本上没有脱离上述著作的解析框架，研究内容涉及整体空间布局、园林要素、哲学思想三种类型。研究者或是将其中两种结合起来分析造园理论，或是将整体空间布局、园林要素、哲学思想三者结合分析造园理论。各著作中"造园理论解析框架"概述如表 4-1 所示。

表 4-1　各著作中"造园理论解析框架"概述

分类	作者	著作	各著作中的"造园理论解析框架"整理
中国	彭一刚（1986）	《中国古典园林分析》	以实际项目为例，以造园技法为中心，对园林建筑的特性、意境的追求等进行解释
	汪菊渊（2006）	《中国古典园林史》	掇山置石、理水、植物等不同园林要素的实例
	曹林娣（2009）	《中国园林艺术概论》	中国园林历史，园林要素
	张家骥（1991）	《中国造园论》	以中国哲学思想为中心，分析中国的造园思想
	金学智（2005）	《中国园林美学》	园林要素，与其他艺术的共同点，整体空间构成
	孟兆祯（2012）	《园衍》	以借景为中心，重新解析明旨、立意、问名、相地、布局、掇山置石等造园手法
	李正（2010）	《造园意匠》	从选址、掇山理水、空间布局、建筑、动线等方面，结合具体园林实例分析造园思想
	孙筱祥（2011）	《园林艺术及园林设计》	园林布局的基本原则，园林要素分类
韩国	韩国传统造景学会（2009）	《东洋造景文化史》	整体空间布局，园林要素分类，实例研究
日本	冈崎文彬（1976）	《图说造园大要》	理水、石组、植物等园林要素分类

本书参考了既有研究中学者们的分析框架，并根据金学智（2005）的《中国园林美学》，构建了新的研究框架，从整体空间布局和园林要素两个层面，结合明末清初的时代背景和两个造园家各自的生活背景进行分析。将园林整体空间格局分为选址及空间布局、整体空间构想和空间尺度的重要性、园林要素的组合、空间分割；将园林要素分为建筑、水要素、山石、植物展开分析。

二、造园理论分析研究框架设计

本书以明末清初的代表造园著作——文震亨的《长物志》和李渔的《闲情偶寄》为中心，从以下三个阶段，重新构建了思路框架。

第一阶段，为了理解两部著作，对两位造园家的性情特征、著述背景、著作文本体系和主要内容进行考察。

第二阶段，掌握两部著作表达的造园理论构成体系。在既有研究分析的基础上，以"整体空间格局""园林要素"两方面为中心，构成解释框架的理论背景。

第三阶段，设计文震亨《长物志》和李渔《闲情偶寄》的解析框架。从整体空间格局角度，分为选址及空间布局、整体空间构想和空间尺度的重要性、园林要素的组合和空间分割四部分内容；从园林要素角度，分为建筑、水要素、山石和植物四部分内容。详细分析了两位造园家的共同点和差异性。基于此，总结这两部著作表达的基于哲学思想、生活态度和价值取向等方面的造园理论（图 4-1）。

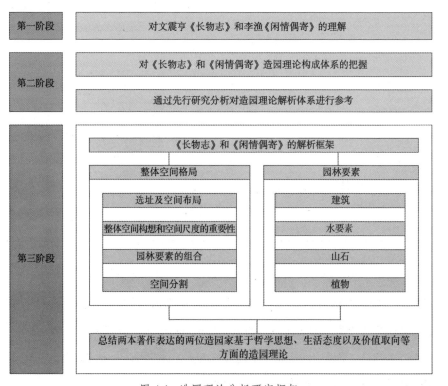

图 4-1　造园理论分析研究框架

第二节 整体空间格局层面的造园理论

一、选址及空间布局

在《长物志·室庐篇》中提及，廊的设计遵循"随地所宜"之法[1]，这与《园冶》中的"因地制宜"有异曲同工之处，即在造园过程中，应根据地势进行适当的空间布局。因地制宜的"宜"，在《说文解字》中被释为"所安也"，具体来说"所安"是合适且安定的意思。"宜"还出现在《诗经·政风·缁衣》中："缁衣之宜兮，敝予又改为兮"。而根据史料记载，"宜"主要被释为"适当""合适""适宜"和"协调"。

李渔的造园思想在这一点上与文震亨有相似之处，在《闲情偶寄》中多次出现了关于"因地制宜"的描述。例如，在《闲情偶寄·居室部·高下》中，李渔也主张应避免在平地上建造房屋，而是要选择高低起伏的地势，并将此规定为园林和住宅建设都应该遵守的原则。具体来讲，李渔认为建造房屋时"前低后高"是基本准则，但如果不具备地形条件，没有必要勉强建造"后高"的住宅。此外，他还将"因地制宜之法"从实践上升到理论，并归纳为三种：①在地势高的地方建屋，在地势低的地方建楼阁；②在地势低的地方掇山叠石建造假山，地势高的地方营造水路；③地势高的地方应将垒土垒得高一些，使其变得更高。这三种方法是应该遵守的一般性原则，但实际操作中还应该根据地形灵活变通[2]。此外，在李渔《闲情偶寄·居室部·向背篇》中还提及在立基的过程中坐向的重要性。尤其强调"坐北朝南"的重要性[3]。因此，以正面为基准，北侧的房子在后面留出空地，以便通风顺畅，东

---

[1]或傍檐置窗槛，或由廊以入，俱随地所宜（金宜贞等，2017）。

[2]房舍忌似平原，须有高下之势，不独园圃为然，居宅亦应如是。前卑后高，理之常也；然地不如是，而强欲如是，亦病其拘。总有因地制宜之法：高者造屋，卑者建楼，一法也；卑处叠石为山，高处浚水为池，二法也；又有因其高而愈高之，坚阁磊峰于峻坡之上，因其卑而愈卑之，穿塘凿井于下湿之区。总无一定之法，神而明之，存乎其人，此非可以遥授方略者矣（单锦珩，1988）。

[3]中国历代皇帝的宫殿或陵墓都是坐北朝南。此外，周遭环境也严格按照"左青龙、右白虎、前朱雀、后玄武"的理想布局模式规划（《周易·兑卦》和《淮南子·兵略训》）。

向的房子在右侧预留空地，西向的房子在左侧留出空地。如果东边、西边和北边没有空地，建议在屋子顶部开设天窗①。这一点表明，《闲情偶寄》在处理地形的过程中，明确表示建筑坐向"朝南"的普适性，但同时也不能忽视日照和风向，强调应因地制宜地进行园林布局。

概况来讲，两部著作关于坐向，都强调了应随地势的高低起伏来设计景观要素。文震亨和李渔都在他们的著作中反复强调了"因地制宜"在造园过程的重要性（图4-2）。

图 4-2　[清] 钱叔美《燕园图》（局部）中依地势而建的绿转廊
（资料来源：童寯《江南园林志》）

---

①屋以面南为正向，然不可必得，则面北者宜虚其后，以受南薰；面东者虚右，面西者虚左，亦犹是也。如东，西，北皆无余地，则开窗借天以补之（单锦珩，1988）。

二、整体空间构想和空间尺度的重要性

1. 整体空间构想

对于造园的"整体空间构想"，《长物志》中没有具体提及，但在《闲情偶寄》中，李渔提出了在园林的整体空间构想过程中要"意在笔先"和"丘壑填胸"的主张。所谓"意在笔先"和"丘壑填胸"是指无论写作还是作画，都要先熟悉整体空间构想，做到心中有数，方才下笔。例如，在《闲情偶寄·居室部·山石第五》中提到，虽然欣赏悬挂在大厅的书画作品时，连字迹的笔画都看得不太清楚，但从整体气势来看，如果书画内容气势磅礴、章法浑然天成，便可以判断这是一部非常优秀的作品。此外，李渔还提出了园林中"大山"的叠山技法。李渔认为，比起在园林中建造"小山"，建造"大山"相对来说更加困难，因为大山的连接部分易存在人工痕迹。因此，他提出了"以土代石"的方法，认为这不仅可以解决人工痕迹的问题，而且可以利用假山中的土适当种植植物。这样不仅可以减少人力和物力，还可以守住假山的轮廓美，把假山混入真山中间，让人无法分辨。通过这一案例，可以看出李渔对"意在笔先"的理解非常透彻。

2. 空间尺度

对于"空间尺度"，《长物志·室庐篇》主张应该拓宽堂、楼阁的尺度。堂的正房规格应该开阔、精巧，楼阁视野开阔，可在楼上观赏雄伟秀丽的景色。文震亨特别强调了宽敞明亮的堂的重要性，还主张为了建造宽敞明亮的正房，应拆除窗户和栏杆，房前栽种梧桐树，房后栽种竹子。《长物志·水石篇·广池》中提及，莲池越宽越能表达园林胜景。在《长物志·舟车篇·舟》中，以大船和小船作为衡量尺度的标准，主张大船的长度应超过三丈（约10米），船头的宽度应达到五尺（约1.7米），小船的长度应超过一丈（约3.3米），宽度应达到三尺（约1米）。由此可以看出，代表文人士大夫阶层的文震亨，通过设计大尺度的建筑、池船，体现当时文人士大夫阶层的显贵的身份，但他并不是只追求广阔的空间，他还提出了"宜"的空间尺度。例如，正房内梁的高度和宽度应该互相匹配，廊道的宽度和建筑屋檐的高度应该可以容纳一桌宴席，"一桌宴席"以人的舒适度为标准，体现了"以人为本"的造园理论的重要性。

与文震亨相比，李渔对宽阔的建筑和广池等的记录并不多，但在空间尺度和人与人的关系上遵循"以人为本"和"宜"的原则上，两人是一致的。根据荆浩（850—911）[①]的画论《山水诀》中出现的"丈山尺树，寸马豆人"[②]的绘画技法，李渔还特别提出要让建筑与人融合，强调了空间尺度的重要性。例如，汤王身长九尺、周文王十尺，他们所居住的建筑应该适当高一些；相反，如果人的身躯不如汤王或是周文王，建筑越高大宽阔，人就显得越渺小。同时，李渔还主张，如果去除房屋内的脏污，减少屋内物品摆设，低矮狭窄的建筑也会显得更加敞亮，在视觉上拓展空间。总体来说，李渔主张建筑和人的尺度应该相称，主张去奢从简的造园理念。

三、园林要素的组合

1. 花木的空间布局

关于花木的空间布局，《园冶》中提出可在柳树之间种上桃树，这样春天时桃花红，柳树看起来会更绿。与《园冶》不同的是，《长物志》中关于柳树间种植桃树的手法，被文震亨看做是俗气的表现。文震亨偏爱苔藓，并在《长物志》中多次描写苔藓，因为苔藓给人以古朴的感觉。此外，文震亨还主张在松树或梅树下种植适宜的花草类植物。李渔在《闲情偶寄》中提及，棕榈树的枝叶少，树下可以种植很多花木，因为树冠不遮挡太多阳光，下面的花木才会生长得很好。

> 又有古梅，苍藓鳞皴，苔须垂满，含花吐叶，历久不败者，亦古。次者杂植松竹之下，或古梅奇石间，更雅。水仙，兰蕙，萱草之属，杂莳其下。棕榈，植于众芳之中。

---

① 荆浩（850-911）是中国唐末五代的画家，现存的《笔法记》中，他的绘画观点受到后人的重视。
② "丈山尺树，寸马豆人"是指"山是一丈，树是一尺，马是一寸，人如豆粒"。将人的尺度比喻为豆粒大小，并以此作为最小单位。这也是绘画时，遵循的最适合的比例关系（金宜贞等，2018）。

2. 花木和山石的空间布局

关于花木和山石的空间布局，文震亨在《长物志》中提出"树不必多植，可以种植一两株珍贵的品种，并搭配灵璧石和英石"的欣赏方式。李渔在《闲情偶寄》中提及石榴树和岩石的协调性，可利用石榴树喜阳光的特征，在石榴树的树荫下建房子，石榴树形成的树荫弥补了单独的房子给人带来的空洞感。此外，石榴树的树根在生理上喜欢被按压，可在石榴树根部附近放山石。此时石榴树的根便可被看作是山脚[①]。此外，《长物志》和《闲情偶寄》中，就连盆景中花木和山石的空间配置也十分重视。

> 石以灵璧，英石，西山佐之，余亦不入品。
>
> 长盆栽虎刺，宣石作峰峦。布置得宜，是一幅案头山水。

通过以上内容可知，盆景虽小，但花木和岩石相互协调的布局，可以使盆景之美如画般体现。

3. 花木和器物的空间布局

关于花木和器物的空间布局，在《长物志》和《闲情偶寄》中，作者花费了相当多的笔墨进行描述。特别是关于花木和器物的摆设，在《长物志·花木篇》中有详细记载。

> 第枝叶非几案物，不若夜合，可供瓶玩。
>
> 若真能赏花者，必觅异种，用古盆盎植一枝两枝。
>
> 居处一室，则当美其供设，书画炉瓶，种种器玩，皆宜森列其旁。

---

①榴性喜压，就其根之宜石者，从而山之，是榴之根即山之麓也（单锦珩，1988；金宜贞，2018）。

李渔非常喜爱兰花，甚至将兰花比喻为自己春季的生命。他提出，首先应安置好兰花的位置，然后在兰花旁边摆放书画、香炉和花瓶等可以观赏的器物，并强调不能点香薰，因为焚香时的烟气会使兰花凋谢。

4.其他园林要素的空间布局

除以上内容外，在《长物志》和《闲情偶寄》中，还有有关"花木和小品设施""花木和鸟类昆虫"空间布局的记载。关于"花木和小品设施"，可活用石栏杆和竹屏来欣赏植物。《长物志》中提及在同时种植牡丹和芍药时，最好制作有纹样的石栏杆作为围栏，并采用不对称的种植方式。李渔则提出可利用竹屏等围栏来观赏藤蔓植物，并列出了与竹屏协调的九种藤蔓植物，还提出了反映当时文人欣赏倾向和经验的竹屏新设计样式。

而关于"花木和鸟类昆虫"，可通过窗框从室内空间观赏室外空间的花木与鸟类昆虫（表 4-2），可以解释为一种将静态的花木景观和动态的鸟类昆虫景观和谐配置的欣赏方式。

表 4-2　借窗外景致的概要

窗框式样	窗外所借之景	主要的景观要素
便面窗花卉式		兰、山石
		花、山石、蝴蝶

续表

窗框式样	窗外所借之景	主要的景观要素
便面窗虫鸟式		鸟、山石、芭蕉
		鹤、松树

（资料出处：单锦珩，《闲情偶寄·居室部》"取景在借"）

四、空间分割

1. 通过窗框借景

借景是观赏中国园林景观时惯用的手法之一。借景的最佳场所是山水之间的建筑，这显示出建筑选址的重要性。韩国园林的借景通常注重将外面的景观引入园林内部，而中国园林的借景还擅长园林内部景观的相互借用。中国园林之所以设置花窗、空窗、洞门等，就是为了将园林中的景观引入室内空间。可以解释为将景观从已经营造的空间 A 向园林内部的其他空间 B 引入。例如，在园林回廊上设计花窗，在园林内部空间种植梅花或芭蕉类植物，通过窗框来观赏植物景观。

在《长物志》中，虽没有详细提及与借景相关的内容，但在《长物志·室庐篇·楼阁》中却提及，若登上楼阁可以眺望远处的景观，借着远处的自然景观欣赏园林山水之间的景色是人生最高境界。文震亨还表示，作为借景的眺望场所，不仅楼阁本身，楼阁周边也应该有景可赏，他以芭蕉作为一种辅助景物来演绎借景，因芭蕉叶子大，易被风吹碎，所以最好种植小一点的芭蕉，芭蕉叶在窗外绿得发光，形成美丽的景观[1]。文徵明的《拙政园三十一景图之芭蕉槛》中，描绘了一位文人正通过窗框欣赏芭蕉和周边风景（图4-3）的画面。概括来说，文震亨通过窗框借景的对象并不多，远景借用了远山，近景借用了芭蕉。

而李渔《闲情偶寄·居室部》中，详细地阐述了可通过窗框借来风景欣赏。李渔认为所有美景都可以借用，重点是创意的设计。"取景在借"与"借景"类似，是指借用窗外的风景，与房间内的风景相协调。此外，李渔认为室内空间和外部空间并非被完全的隔断，室内外是相互关联的连续空间。例如，李渔不仅通过合理安置反映当时文人物质文化的各种玩赏器物，注重室内空间的欣赏，还强调了窗框的功能，将外部景观引入室内。李渔最擅长在小船两侧开设窗户，以此将外部景观借入到小船内。正如单锦珩（1988）所述：

开窗莫妙于借景，而借景之法，予能得其三昧。

图 4-3 《拙政园三十一景图之芭蕉槛》（局部）中文人通过门窗欣赏周遭景观
（图片来源：[明] 文徵明《拙政园三十一景册》）

---

①绿窗分映，但取短者为佳，盖高则叶为风所碎耳（金宜贞等，2017）。

李渔住在西湖附近时曾用一条小船游览湖面，他的船的独特之处在于扇形的窗框设计。小船的左右两侧设计了名为"湖舫便面窗"[①]的窗框。坐在小船上可通过"湖舫便面窗"眺望湖两岸的寺庙、森林和云端、樵夫和牧童、人、马等形形色色的外部风景。随着小船的移动，船内的观者所欣赏的风光也会随之变化，即使绑着锚绳停泊，随着风起波澜，船内看到的画面也会时时刻刻发生变化。像这样，通过"湖舫便面窗"一天就能欣赏数千幅山水画，小船路过的景色都收敛在这扇窗内，回味无穷[②]。基于此，李渔提出了移步异景（即每次移动时都会出现不同景观）的手法。"湖舫便面窗"不仅可以从船上往外看，相反，在湖边或江边望向船时也会看到别样的船上风景，即在湖边散步的人可以通过船上的窗户看到船内人们的活动[③]。

此外，李渔提及，在制作扇面窗时，山水、人物、竹子、岩石、花鸟、昆虫等各种题材都能利用扇形窗户展示出多彩的画面，即可在窗户外放置支架，通过更换花盆、盆栽、鸟笼、怪石等方式，屋内的人每次都能透过窗户观赏到不同背景下的景致。李渔认为，以"湖舫便面窗"为媒介形成的双向景观都很重要。这种"看与被看"的独特景观欣赏方式，至今一直沿用在园林景观的营建中（图4-4）。

李渔在船上的观景方式也适用于园林营建。如在楼阁上设计窗，以类似的方式欣赏钟山风景[④]，但通过楼阁和"湖舫便面窗"欣赏风景的方式不同，前者是"静观"[⑤]，后者是"动观"[⑥]。

[①]船左右两边扇形模样的窗户。实者用板，蒙以灰布，勿露一隙之光；虚者用木为匡，上下皆曲而直其两旁，所谓便面是也（单锦珩，1988）。

[②]坐于其中，则两岸之湖光山色，寺观浮屠，云烟竹树，以及往来之樵人牧竖，醉翁游女，连人带马尽入便面之中，作我天然图画。且又时时变幻，不为一定之形。非特舟行之际，摇一橹，变一像，撑一篙，换一景，即系缆时，风摇水动，亦刻刻异形。是一日之内，现出百千万幅佳山佳水，总以便面收之。而便面之制，又绝无多费，不过曲木两条，直木两条而已（单锦珩，1988）。

[③]窗不但娱己，兼可娱人。不特以舟外无穷之景色摄入舟中，兼可以舟中所有之人物，并一切几席杯盘射出窗外，以备来往游人之玩赏（单锦珩，1988）。

[④]兹且移居白门，为西子湖之薄幸人矣。此愿茫茫，其何能遂？不得已而小用其机，置此窗于楼头，以窥钟山气色，然非创始之心，仅存其制而已（单锦珩，1988）。

[⑤]静观是游客在园林观赏地点停留并欣赏景观的方法。小园以静观为主，以动观为辅（陈从周，2002）。

[⑥]动观要有较长的游览路线，大园以动观为主，静观为辅（陈从周，2002）。

图 4-4 "移步异景"和"看与被看"
(资料来源：单锦珩，《闲情偶寄·居室部》"取景在借")

此外，李渔还设计了"便面窗外推板装花式""山水图窗""尺幅窗""梅窗"
（表 4-3）。便面窗外推板装花式分为"便面窗花卉式"和"便面窗虫鸟式"两种，
其主要是根据窗外所借之景而命名，如借的是花卉，则命名为"便面窗花卉式"，
借的是昆虫和鸟，则命名为"便面窗虫鸟式"。"山水图窗"借的是山水景观。对
于山水图窗来说，比起靠在窗边观察外面的风景，与窗户保持一定距离欣赏外面的
风景才是最佳观景方法，这时窗的轮廓如同画框一般，画中有山，山景为画[1]。同时，
考虑到窗户关闭时的景致，还另外准备了真画，须按照窗的大小制作木隔板，并在
上面装裱符合实际景观的名画嵌入窗中，即采用窗框装裱的独特方式[2]。更有意思
的窗框设计是"梅窗"。"梅窗"名字的由来与李渔的一次特殊经历有关，在某年
夏天的一次大雨后，土地长时间不干，书房前的石榴树和橙子树因水灾而死，起初

---

①凡置此窗之屋，进步宜深，使坐客观山之地去窗稍远，则窗之外廓为画，画之内廓为山，山与画连，
无分彼此，见者不问而知为天然之画矣。浅促之屋，坐在窗边，势必倚窗为栏，身之大半出于窗外，
但见山而不见画，则作者深心有时埋没，非尽善之制也（单锦珩，1988）。
②必须照式大小，作木榻一扇，以名画一幅裱之。嵌入窗中，又是一幅真画（单锦珩，1988）。

李渔想把它们砍掉，但因为树干很硬，连斧头都劈不开，就搁置了几天，但发现其树枝弯弯曲曲，看起来就像古梅一样，经过深思熟虑，李渔将它们做成了似梅花的窗户。所以，当时李渔制作的梅窗不是用梅花木制作的，而是用石榴树和橙子树的枝条制作的，之所以取名为梅窗，是因为树枝弯曲的样子酷似梅枝。概况来讲，李渔擅长通过形态和素材多样化的窗框设计来丰富观者的视觉体验。其实质是为观者提供了"实"和"虚"的交互体验。

表 4-3　李渔创意性的窗框设计

窗框式样	窗外所借之景	应用
外推板装花式		扇形窗的外围搭木板装饰花卉的样式
山水图窗		如同一幅山水画
尺幅窗		①用于打开窗户欣赏窗外景观 ②制作符合窗框的山水画作
梅窗		窗框酷似梅枝

（资料来源：单锦珩，《闲情偶寄》居室部"取景在借"）

综合来看，文震亨和李渔在各自著作中的侧重点虽然不相同，但他们在园林营建的过程中，都重视观察建筑的选址和周围景观的布局。尤其在相地过程中，文震亨强调周围远景应与园林营建相协调。李渔也在《闲情偶寄·居室部》中提及，通过室内窗框引入远处的景观，享受周边的山水景观。此外，对于所借之景，李渔与文震亨的不同之处在于李渔认为所有美景都可以借为自己所用，其中重点强调了窗框的设计。在窗框的设计样式中，除山水图窗外，他还设计了外推板装花式和尺幅窗等样式的便面窗。值得强调的是，窗框并不用于完全隔断内外空间，而是起到了建筑内部空间向园林外部空间过渡的作用。

2. 利用廊道和围墙等进行空间分割

在《长物志·室庐篇·山斋》中文震亨提及山斋要明亮干净，不适合太宽敞。空间过大，眼睛容易疲劳。他建议在屋檐下设置窗户栏杆或直接连接廊道，但都要根据地势进行适度设计。不仅如此，中庭应稍微宽敞一点，才能植栽花木，甚至放置盆栽。文震亨在实际营建的香草垞中设计了名为"中香廊"和"斜月廊"的廊道，从廊道的名称就可以看出它们的功能是赏花和赏月。在园林设计中可以利用廊道使空间变得有趣，并可以丰富园林要素。文震亨为了更好地欣赏周围秀丽的景色，在宽阔的莲池和巨大的湖面上设计了有花纹的石桥。文震亨利用廊道和桥分割园林空间，同时，在廊道或桥上可欣赏周围的美景，增加了空间的层次感，以此丰富景观欣赏的趣味性，这与拙政园"小飞虹"的处理手法类似（图4-5）。

图 4-5 [明]文徵明《拙政园图咏》中"小飞虹"两侧通透的视域空间

与文震亨不同，李渔详细提到了"围墙的空间分割作用"的内容。在《闲情偶寄·居室部·墙壁第三》中，详细说明了女墙的设计，女墙是指明清时期在住宅内设置的矮墙，在这样的墙壁上镶嵌花纹或打孔，使两边可以互相窥视。就像俗话"一家筑墙，两家好看"一样，目的在于让两户人家的风景能够相互借用。此外，在围墙设计漏窗的目的是重新连接被完全遮住的空间。在墙壁上设计漏窗的方法，《鸿雪因缘记》中也有所提及。

综上可知，文震亨和李渔在营园过程中利用园林要素（比如廊道、桥和围墙）形成了"园中园"，在空间和空间上相互借景，供游客观赏。相比围墙，廊道和桥的应用增加了空间的通透性，通过廊道和桥也可以欣赏到更加美丽的风景。虽然围墙不像廊道和桥那样完全具有空间通透性，但在围墙上设计漏窗也可以重新连接完全隔断的内外空间，达到在园中可以欣赏内外不同美景的目的。

第三节 基于不同园林要素的造园理论

一、建筑

1. 不同类型建筑的功能

《长物志·室庐篇》中主要提及了堂、山斋、楼阁、丈室、佛堂、茶室、琴室和浴室的设置，在《长物志·位置篇》还有小室、卧室、亭榭、敞室和佛室。此外，附属设施包括门、楼梯、窗户、栏杆、照壁、桥、铺地等。在陈植《长物志校注》一书中详细描述了建筑及附属设施的名称。在文震亨的居所香草垞，庭院中营建了婵娟堂、绣铗堂、笼鹅阁、玉局斋、啸台、众香廊、斜月廊、鹤栖、鹿砦、鱼床、乔柯和奇石等景观节点和园林要素。但这与《长物志·室庐篇》中记载的园林要素并不完全相同。因此，可以推测文震亨的《长物志》中记载的建筑只是当时一般建筑的概要。从建筑的功能来看，与文震亨日常爱好关系最密切的是琴室，正如第二章提及的他的生平史，崇祯帝朱由检（1611—1644）在位期间，文震亨在朝廷获得了很高的评价，并因琴曲和研究才能扬名，还得到了武英殿中书舍人的官职。文震亨在《长物志·室庐篇·琴室》中提及，他如果在多层楼阁的楼下演奏琴曲，声音听起来更优美，如果楼下空无一人，琴声听起来更通透。此外，在高高的松树、宽阔的竹林、岩石洞穴、石室中设置琴室是绝对的优雅境界。不仅如此，由于夏季中午容易出汗，天气干燥，弦变弱，所以适宜在清晨和晚上弹琴。由此可以联想到他在园林中设置琴室空间，在日常生活中演奏琴曲的场面。此外，在《长物志·器具篇》中，文震亨还详细提及了琴的外观和琴台，并称琴作为古乐，即使不演奏，也要挂在琴室内部的墙壁上。由此可见，他琴曲造诣高超，格外喜爱弹琴。文震亨还在《唐人诗意图册》中描绘了两位文人士大夫在竹林中交流的场面（图 4-6），画作中，一文人弹琴，另一文人读诗。在画作的右下角有文震亨的题诗，内容如下。

虫思庭莎白露天，
微风吹竹晓凄然。

今来始信琴中调，

暗写归心向石泉①。

上面的诗文是文震亨引用唐代诗人羊士谔（762—819）的诗句改写的，隐约可见文震亨的思乡之情。

除琴室外，文震亨还提及作为隐士不能没有茶室，并详细论述了茶的种类、茶具等。文震亨的曾祖父文徵明可以说是名副其实的喜爱茶道的文人士大夫。据蔡羽

图4-6　《唐人诗意图册》中两位文人在竹林中通过琴曲交流的场景
（图片来源：[明]文震亨《唐人诗意图册》，纸本、设色，28 cm×34 cm（局部），北京故宫博物院藏）

①出自唐代羊士谔（762—819）的《台中遇直晨览萧侍御壁画山水》。这首诗的第三句原是"今来始悟朝回客"，文震亨将其改为"今来始信琴中调"。

为《惠山茶会图》所题的跋文记载，明正德十三年（1518）二月十九日，文徵明与好友蔡羽、王守、王宠和汤珍等七人游览惠山时饮茶赋诗，该画作描绘了当时茶会的情景，茅亭和惠泉位于松林和山谷中，两位文士坐于惠泉旁，另一位文士正拱手作揖。在他们中间，两个童子正在煮茶或备茶（图4-7）。不仅如此，文徵明所绘的《品茶图》描绘了两个文人在草房里悠闲品茗、对话的场景。通过茅屋敞开的门主客听着周围的流水，欣赏周遭风景（图4-8）。除茶室外，山斋、丈室、佛室等建筑都是隐士喜欢的场所。

《闲情偶寄·居室部》主要是描写了建筑和附属设施，包括轩、亭、台、桥、窗和栏等园林要素。书中详细记录了芥子园中的建筑名称。芥子园与其他著名的江南园林相比面积虽小，李渔却巧妙地布置了来山阁、浮白轩、栖云谷、月榭、歌台

图 4-7 《惠山茶会图》中文人惠山茶会场景
（图片来源：[明] 文徵明《惠山茶会图》，纸本、设色，21.9 cm×67 cm（局部），北京故宫博物院藏）

图 4-8　《品茶图》中主客在自然山水间品茗畅谈

（图片来源：[明]文徵明《品茶图》，纸本、立轴、浅设色，88.3 cm×25.2 cm（局部），

台北故宫博物院藏）

等建筑物, 演绎了广阔的"芥子须弥"[①]的境界。建筑设计还包含装饰(如匾额楹联等), 可以说这是李渔的独特设计, 《长物志》中并没有提到匾额楹联。古代先辈们常用匾额楹联为园林增色添彩, 李渔在园林设计方面也喜欢使用匾额楹联。实际上, 李渔在建造芥子园时, 制作了各种形态的匾额楹联, 其中用芭蕉制成的"蕉叶联"和竹子制成的"此君联"是李渔的独特创意。"蕉叶联"是基于文人们长期以来在芭蕉叶上写字的文化习惯而设计的, 在纸上画一张芭蕉后, 交给木工做板, 两面均可使用。"此君联"使用的是以前很少被用作对联或匾额素材的竹子。将一根竹子切开, 在竹子的光滑面上雕刻或写字即可, 李渔对"此君联"的评价是"这是优雅、规格相近、又最简朴的对联"。这些质朴的匾额楹联, 赋予了芥子园很高的审美价值 (表4-4)。

表 4-4 芥子园中的创意性匾额楹联设计样式

匾额楹联类型	图像	备注
秋叶匾		来山阁[②]
手卷额		天半朱霞[③]

①芥子须弥是指微小的芥子中能容纳巨大的须弥山, 比喻小中也有大 (张家骥, 2010)。
②来山阁是芥子园中的建筑物之一。虽然芥子园的面积不大, 但巧妙地布置了来山阁、浮白轩、栖云谷、月榭、歌台等建筑, 演绎了"芥子须弥"的意境 (单锦珩, 1988)。
③"天半朱霞"是指红霞染红了半边天。隐喻人品高尚, 超凡脱俗。"訏超超越俗, 如半天朱霞, 敫矫矫出尘, 如云中白鹤。皆俭岁之粱稷, 寒年之纤纩"(出自《南史·刘怀珍传附刘訏传》)。

续表

匾额楹联类型	图像	备注
册页匾		一房山①
蕉叶联		般般制作皆奇，岂止文章惊海内。 处处逢迎不绝，非徒车马驻江干②
此君联		仿佛舟行三峡里，俨然身在万山中③

（资料出处：单锦珩（1988），《闲情偶寄·居室部·联匾第四》）

① "一房山"出自唐代诗人李洞的《山居喜故人见访》"看待诗人无别物，半潭秋水一房山"。
②李渔亲自作诗，"般般制作皆奇，岂止文章惊海内。处处逢迎不绝，非徒车马驻江干。"出自杜甫的"岂有文章惊海内，漫劳车马驻江干"。诗句表达了李渔的谦虚态度。
③李渔亲自作诗，"仿佛舟行三峡里，俨然身在万山中。"释义为"船在三峡中行走，就如同身处在万山之中"（单锦珩，1988）。

除匾额楹联设计外，李渔还设计了建筑的附属设施"活檐"。李渔之前居住的建筑上多安置深屋檐，可有效抵御风雨，但也存在晴天遮挡日光的缺点。为了改善这种不便，李渔设计了活檐。"活檐"是一种可变式遮阳设施，其通过旋转轴可以展开和折叠，安装方法简单，使用方便。天气晴朗时，活檐可反面撑起，正面朝下，用来作为屋檐外的顶格；下雨时，活檐可正面撑起，正面朝上，承载屋檐外的雨滴[①]。

与文震亨类似，李渔也在芥子园中营建了像栖云谷一般的安静空间，他在石洞上打眼，让里面的水槽汇集雨水，形成落水，可以从视觉和听觉两个方面进行观赏。正如前文所言，李渔除琴室、茶室、丈室和佛室外，还在园林中设计了歌台（表4-5）。图4-9、图4-10是近现代人们为纪念李渔而复原的芥子园照片。另一方面，李渔还在芥子园中设计了月榭这样娴静的空间，可以推测，月榭是用于独处的"自我对话"的空间。

通过建筑和附属设施的设计可以看出，无论是当时的文人士大夫还是普通市井阶层，即使世俗喧哗，园林也是他们内心所追求的一处娴静空间。此外，园林中不同建筑的功能体现出园林与他们日常生活密切相关，反映了他们独特的生活品味和情趣。

表4-5 两位造园家代表性著作和园林中的建筑及建筑附属设施

分类	代表性著作		代表性园林	
	《长物志》	《闲情偶寄》	香草垞	芥子园
建筑	堂、山斋、楼阁、台、丈室、佛堂、茶室、琴室、浴室、小室、卧室、亭榭、敞室和佛室	来山阁、浮白轩、栖云谷、月榭、歌台	婵娟堂、绣铗堂、笼鹅阁、玉局斋、啸台	来山阁、浮白轩、栖云谷、月榭、歌台
建筑附属设施	门、楼梯、窗户、栏杆、照壁、桥、铺地	桥、窗户、栏杆、墙壁、铺地、活檐、匾额和楹联	众香廊、斜月廊、鹿砦	桥、窗户、栏杆、墙壁、铺地、活檐、匾额楹联

（资料来源：参考陈植（1984）和单锦珩（1988）的著作整理）

[①]法于瓦檐之下，另设板棚一扇，置转轴于两头，可撑可下。晴则反撑，使正面向下，以当檐外顶格；雨则正撑，使正面向上，以承檐溜（单锦珩，1988）。

图 4-9 浙江省兰溪市复原后的芥子园戏台

图 4-10 江苏省南京市复原的芥子园戏台

2. 器具位置和室内装饰

本小节以器具位置和室内装饰为中心展开讨论。首先，在《长物志·花木篇·盆玩》中文震亨提及，与其在室内摆放几盆盆景，不如将盆景摆放于室外的亭子中。此外，在《长物志·室庐篇·山斋》中提及建筑内部的庭园要稍微宽一些，才能种上丰富的花木并摆放陈列盆栽；在《长物志·舟车篇》中提及在船上也可以放置一些像花盆一样轻巧的小物件。

文震亨在冬天把兰花盆放在阳光充足的温暖室内；在风和日丽的日子里，把花盆搬到室外，使其四边均匀地被太阳照射，下午的时候拿回室内，不让霜雪打湿。对于盆栽的布置，文震亨表示没有固定的方式，只要适合植物生长即可。在《闲情偶寄》中，李渔认为器物的摆放应遵循"忌排偶，贵活变"的原则。

李渔与文震亨相似，都遵循"宜"的造园理论。李渔因极其喜爱兰花，称兰花为自己春天的生命。他认为在与兰花交流的过程，让兰花更具韵味的方法是在兰花刚出现花蕾时，将其从户外移到室内，从远处移到近处，从低处移至高处[1]。如果兰花摆放的位置确定下来，再将书画、香炉和花瓶等器物摆在兰花旁边，进行欣赏。但需要注意让兰花远离香薰，因为兰花一旦接触焚香的烟气，就会立即枯萎[2]。更有趣的是闻兰花香的方法，因为在有兰花的房间待久了闻不到兰花的清香，所谓"如入芝兰之室，久而不闻其香"，李渔就提议人们与其长时间待在有兰花的房间里，不如另设一间没有兰花的房间，这样在有兰花和无兰花的房间进进出出，总能感受到兰花的香气，这也是享受兰花香气的秘诀。

对于室内盆景的布局和其他小型园林小品的配合，可在放置室内盆景的桌案上方悬挂"悬画"，也可以同时在桌案上放置怪石、时令花等。在大厅中间应悬挂大型横画，书房中间应悬挂小型山水画或花鸟图。此外，在敞室中，李渔还提议将一两盆剑兰摆放在桌案的侧面，并设置奇峰、老树、清澈泉水和白石作为点缀。在寝

---

① 兰之初着花时，自应易其坐位，外者内之，远者近之，卑者尊之（单锦珩，1988）。
② 居处一定，则当美其供设，书画炉瓶，种种器玩，皆宜森列其旁。但勿焚香，香薰即谢（单锦珩，1988）。

室中，李渔建议室内不应种植太多花木，选择特殊而珍贵的品种种植一棵，旁边放置灵璧石或英石作点缀即可。

此外，《长物志》中还描述了适合插花的植物、花瓶的材质、花瓶摆放的位置等注意事项。书中要求用于插花的植物素材应简朴、巧妙，不能烦琐。如果插一根树枝，就要选择奇异古朴的枝干；如果插两根树枝，就要协调高低；而两种以上枝干的话，就和酒肆内的插花没有区别。插花应基本满足既高雅又美观的视觉效果。另外，文震亨不仅介绍了适当的植物素材选择，还强调了花瓶材质的选择。对于花瓶材质，他认为青铜制品和陶瓷制品最好，金银制品显得俗气（图 4-11）。青铜制品的花瓶高度为 2~3 尺（0.65~1 米），再插上古梅最为合适。春季和冬季最好选择青铜制品，夏季和秋季最好选择陶瓷制品。同时，文震亨对花瓶的位置等注意事项也进行了详细描述。应根据花瓶的大小选择合适的桌案，同时也要考虑房间的大小，例如，在大厅里，用高瓶颈的花瓶放置大枝干的植物插花才能使人心情舒畅；在书房里，则适宜放置小一些的枝条。安放花瓶的房间里，不能关上窗户焚香，如果焚香，植物就会立即枯萎，尤其是水仙花要特别小心。此外，不能将花瓶安放在平铺有绘画的桌案上，不能将井水放入花瓶。《长物志》还详细描述了防止花瓶破碎和防止冬季花瓶结冰的方法。

总的来说，文震亨对室内植物盆景的布置、室内植物栽培和其他小景观要素的配合等

图 4-11 《闲话官事图》中文人身旁瓷制花器摆件
（图片来源：[明]陈洪绶《闲话官事图》，立轴、纸本、设色，92.4 cm×46.8 cm（局部），上海博物馆藏）

都提出了独特的见解；详细记录了植物、花瓶材质和花瓶摆放位置的选择。由此可见，文震亨的《长物志》充分展示了文人士大夫阶层的品位和情趣。此外，李渔在《闲情偶寄》中表示在厅壁挂上自己的书画是最好的室内装饰，直接悬挂名人作品或画轴也很好；他又提议在墙上安放可供鹦鹉和画眉鸟"驻足"的支架，并尽量将松树画得与鸟笼的结构相协调，室内墙壁画上的枝头鸟儿展翅飞翔的画面与外面大自然的景色相比别有一番趣味。厅壁上的树枝虚景和鸟类移动的实景相结合，可以使人联想到在大自然中看到的真实场景。欣赏这种场景的乐趣在于，静态画面加上鸟的声音和动作形态，可以形成动静空间场景。观者观察墙面的时候，可以瞬间忘记自己身处室内的状态。这一手法是李渔"创异标新"造园思想的具体体现。

二、水要素

1. 山水间的园林营建

《管子·水地》篇提及水是"万物之源"。如果说山石是园林的骨骼，那么水则是园林的命脉。水路具有引导功能，人随着水路行走，可以时刻观赏到周边隐藏与显露的景物。设计者在相地时，必须先对住宅周边水源进行勘察，体现了住宅紧邻水源的重要性，因为园林需要供应活水。此外，还应最大限度地利用水源，巧妙活用周边景观。古代园林案例中，晋朝石崇（249—300）的金谷园①和唐朝王维（699—759）的辋川别业②是典型的山水园林。文人在园林中举行盛大的文人雅集（图4-12），官员和文人在金谷园内作诗，在整个雅集过程中，参与者如果不能时时作诗，就会被罚酒③。此外，在金谷园内还有一段佳话：石崇对通晓音乐的爱妾绿珠宠爱有加，

①晋朝石崇在洛阳西侧建造了金谷园，他在金谷园经常邀请官吏和文人举行酒宴。
②辋川别业是王维的别墅，其位置于山水之间，辋川别业是当时具有代表性的郊外园林和山水园林。他在这里挑选周围20处出色的景观取名并吟诗。
③据说，在石崇的《金谷诗序》中，酒宴上对不能作诗的人处以罚喝三斗酒。在该典故中，"金谷酒数"指的是"在酒桌上喝的罚酒"。

图 4-12　兰亭雅集的场面模仿了金谷园盛大的雅会场景
（图片来源：[明]钱毂《兰亭修禊图卷》，长卷、纸本、设色，24.1 cm×435.6 cm（局部），
美国大都会艺术博物馆藏）

在金谷园建造了名为"绿珠楼"的楼阁，两人在此享受自然山水之乐（图 4-13）。

文震亨在《长物志·室庐篇》中提出，园林最好位于山水间，其次是田园和郊外[①]。在《长物志·书画篇·论画》中提及，最佳绘画内容是山水。文震亨也给出了评价优秀山水画作的标准："山水林泉，清闲幽旷，屋庐深邃，桥彴往来，石老而润，水淡而明，山势崔嵬，泉流洒落，云烟出没，野径迂回，松偃龙蛇，竹藏风雨，山脚入水澄清，水源来历分晓，有此数端，虽不知名，定是妙手。"文震亨强调好的园林应位于山水之间，而李渔虽没有明确主张山水间的位置是最重要的，但他在《闲情偶寄·居室部·石洞》中强调了在山洞里钻孔，做落水形态，从而享受落水景观，可知他偏爱山水胜景。以下诗文，也可以让我们真切体会到李渔所描绘的真山真水的意境。

仿佛舟行三峡里，俨然身在万山中。

总的来说，两位造园家在营园时，优先考虑的选址是山水之间。在《长物志》中，

———————————

①居山水间者为上，村居次之，郊居又次之（金宜贞等，2017）。

图 4-13　《金谷园图》中石崇聆听绿珠演奏的场景

（图片来源：[清] 华嵒《金谷园图》，立轴、纸本、浅设色，178.7 cm×94.4 cm（局部），
上海博物馆藏）

山水之间的生活以居住在其中的园主人需求为先。而《闲情偶寄》虽没有直接提及相地的内容，但提及了通过山水图窗观赏景观的方式，并对山水之间的生活给予了积极、肯定的评价。

2. 因地制宜的理水形态

两位造园家都提出山水之间是营造园林最好的自然条件。不仅如此，他们还强调最大限度利用现有自然要素，以及最大限度减少人为干预自然环境。将现有自然要素的理水形态分类为"以池塘为中心的理水形态"和"以瀑布为中心的理水形态"。

（1）以池塘为中心的理水形态。

首先，以池塘为中心的理水形态，《长物志》和《闲情偶寄》都考虑了自然条件，以及在自然条件下进行最低限度人为干预。但与《闲情偶寄》相比，《长物志》更侧重于园林的美感和园林中人们日常生活的情感。文震亨在《长物志·水石篇·广池》中，详细记录了莲池的规模、巧妙布置建筑的方法、适合在广池周围栽培的植物以及能够给广池注入生机的动物。广池最小尺寸以亩为单位，最大尺寸以公顷为单位，只有这样才能称得上是广池。此外，据说池塘越宽，越能营造胜景[1]。据《文氏族谱续集：历世第宅房表志》记载，艺圃的主体由五亩山石池塘组成[2]。文震亨的兄长文震孟营建的艺圃可以说是典型的以池塘为中心的广池案例（图4-14和图4-15）。

在《长物志·水石篇·小池》中，文震亨提及，在建造小池的过程中，如果能引自然山泉，效果会更好。在《鸿雪因缘记》中，李渔也提及将自然山水引入池塘的重要性[3]。文震亨不喜欢四角形、圆形、八角等规则图形平面的亭子。在选择池塘周边的园林要素时提到池塘边界宜用太湖石砌成，种植藤蔓和竹子等植物。此外，可在水中饲养金鱼和鸟类来欣赏。由此可见，文震亨在池塘营建的过程中，无论是宽大的广池，还是小池，都很注重池塘的审美价值。

---

①凿池自亩以及顷，愈广愈胜（金宜贞等，2017）。
②药圃中有生云墅，世纶堂。堂前广庭，庭前大池五亩许。池南垒石为五老峰，高二丈。池中有六角亭，名浴碧。堂之右为青瑶屿，庭植五柳，大可数围。尚有猛省斋、石经堂、凝远斋、岩扉（林源等，2013）。
③垒石成山，引水作沼，平台曲室，奥如旷如（麟庆，1886）。

红鹅馆
响月廊
度香桥

念祖堂
爱莲窝
乳鱼亭
广池

图 4-14   《艺圃图》中的艺圃广池全貌

（图片来源：[清]王翚《艺圃图》，纸本、设色，35 cm×190.5 cm（局部），所藏未知；
图片出处：作者参考林源，冯珊珊（2013）《苏州艺圃营建考》中的图面改绘）

图 4-15   现在艺圃广池的全貌

　　李渔的《闲情偶寄》中关于池塘的记录虽然不多，但在《闲情偶寄·取景在借》中，描述了芥子园浮白轩周边池塘的碧水。同时，从李渔其他著作中可以论证，在他设计的半亩园中有小巧的池塘。在《闲情偶寄》撰写完成之后，李渔渴望在自己的园林中建造一座池塘，但由于财力不足，未能如愿。

　　（2）以瀑布为中心的理水形态。

　　在《长物志·水石篇·瀑布》和《长物志·水石篇·地泉》中，以及李渔《闲情偶寄·居室部·石洞》中，都有提及园林中营建的瀑布等落水形态。《长物志》中强调落水的欣赏方式，如园林中高阁的屋檐承载了自然流淌的雨水，可在其下建造小池。此外，如果池塘里石头林立，可以欣赏到下雨时泉水喷涌的景象以及池水流淌过程中发出的悦耳动听的声音[①]。《闲情偶寄》中描述了在石洞顶上打洞，引入雨水，滴入水槽，即可营造从视觉、听觉均能欣赏的落水景观。所以，从视觉和听觉两个方面来看，《长物志》和《闲情偶寄》的共同点在于营造出了绝佳的落水意境，将瀑布作为园林造景的基本要素，利用瀑布营造声境，两位造园家的理水手法是一致的。

三、山石

古人有"无园不石"的说法，可见，山石是园林不可缺少的要素。竹林七贤的"与石为伍"和米芾的"拜石为友"等典故，都表达了文人爱石的嗜好（图4-16）。在园林文化中，具有奇特模样的山石被称为"怪石"，是文人喜爱欣赏的对象，并通过文学创作赋予了山石以特殊的意义和感情。此外，在园林的"穿池造山"技法中，"挖池土造假山"逐渐演变成了广为用之的方法（孟兆祯，2012）。中国传统园林中，营建假山遵循"有真为假，作假成真"的基本原则。而本小节主要将有关山石的内容分为"选石""掇山""其他用途"三方面。

1. 选石

明末清初的文人山水园林非常流行，掇山是营建园林的重要技法。石材的选择是假山营建过程中最重要的部分。太湖石"瘦、透、漏、皱"的特点是当时文人对山石共同的审美标准。

关于选石，文震亨在《长物志》中提到了11种石材，在选石过程中，石的质感、形态、颜色，以及石材的声音等都是挑选石材的重要依据。在《长物志·水石篇·品石》中，提出了"石以灵璧为上，英石次之"。在《闲情偶寄》中，李渔对选石的记述，虽未详细记录石材的名称，但从选石过程中具体描述石头"透、漏、瘦"的特征来看，可以推测是太湖石。除太湖石外，其他石材的名称、特点李渔没有详细提及，多是对营建假山的技法和石材安置的位置进行的描述。李渔明确提及不要只追求上等石材，要遵循"就地取材"的原则。

---

①下作小池承水，置石林立其下，雨中能令飞泉渍薄，潺湲有声，亦一奇也（金宜贞等，2017）。

图 4-16 《高逸图》中高士们与假山为伍

（图片来源：[唐]孙位（生卒年未详）《高逸图》，长卷、绢本、设色，45.2
cm×168.7 cm（局部），上海博物馆藏）

从选石品种来看，文震亨则更加追求石材品种的稀缺性和奇特性，他认为石材
中，灵璧石是上品，其次是英石。若这两种石材体量很大则属于奇特品种。

2. 掇山

《长物志·水石篇·品石》中记述的十一种石材中，适合叠山的石材包括太湖石、
英石、尧峰石、锦川石、将乐石、羊肚石共六种。但在《闲情偶寄·居室部·山石第五》
中，虽然没有详细记录山石名称，但提出了用"大山""小山""石壁""石洞""零
星小石"营建假山的技法。

首先，两部著作中均提到的山石是太湖石。太湖石被认为是明末清初营建假山
的最好石材。太湖石因其独特的质感、构造，具有"瘦、透、漏、皱"的特征。因此，
太湖石成为明末清初江南一带庭园叠山的主要石材。在《长物志》中，文震亨虽没
有提及安置太湖石的场所，但描述了太湖石的特征。例如，太湖石被水冲撞后会形
成洞孔，表面晶莹剔透，在水中显得尤为珍贵；如果把它移到山上，则被称作"旱石"。
李渔虽未明确提到山石的名称，但他描述，该山石具有"透、漏、皱"的特点，因
此可以推测该山石是太湖石。关于英石，在《闲情偶寄》中虽未提及，但在《长物志》
中，文震亨表示英石不仅可以用于制作大型假山，而且利用这种石材在小书房前建
一座小山，也尤为优雅和珍贵。但也有人指出，英石由于生产地较远，所以很难获得。
此外，在《长物志》中，将锦川石、将乐石和羊肚石（图 4-17）三种石材列为下等
石材，这类石材如同用斧子劈开的石头，像绘画技法的斧劈皱一样，显得很优雅。

综上可知，从是否适合叠山的角度来看，共有五种石材适合做假山。最重要的是，通过叠山可以使各种园林要素相互融合，形成和谐空间，如同一幅自然山水画。

3. 其他用途

除掇山外，两位造园家还解释了山石的多种用途。在《长物志》中，文震亨认为不适合叠山的山石有灵璧石、昆山石、土玛

图 4-17　御花园中的羊肚石

瑙、大理石和永石等五种石材。但它们在园林营建中也各有妙用，例如，在《长物志》中，灵璧石被看作是奇异的品种，该石的形状丰富，有如牛卧或盘龙[1]。此外，在《闲情偶寄》中描述，如果在盆栽中适当配置植物和山石，就像桌案上的一幅自然山水画[2]。硕大的昆山石可以放在大盆栽内，并可以在上面种菖蒲；土玛瑙的图案很特别，可以放在盆栽内观赏；永石可以作为屏风石材，使布景更加优雅；大理石以旧石为贵，石头纹理会形成山水、云雾等图案，就像山水画一般，是石中的最上品。

在《闲情偶寄·零星小石》中，李渔对小石的观赏和实用价值进行了详细的记录。从观赏的角度来看，可以在合适位置放置有观赏价值的拳头大小的山石。从实用性的角度来看，可以把小石放平，与椅子或床坐放在一起；也可以斜放作为栏杆；如果石头表面比较平整，还可以用作桌案，在上面放置香炉和茶具。

---

[1] 灵璧石出凤阳府宿州灵璧县，在深山沙土中，掘之乃见，有细白纹如玉，不起岩岫。佳者如卧牛、蟠螭，种种异状，真奇品也（金宜贞等，2017）。

[2] "长盆栽虎刺，宣石作峰峦。"布置得宜，是一幅案头山水（单锦珩，1988）。

四、植物

在园林营建中，建筑物、水元素、山石和植物都是非常重要的景观要素。北宋郭熙①（1000—1087，卒年无确切考证，约为1087年）的著名画论《林泉高致》中曾提及：

> 山以水为血脉，以草木为毛发，以烟云为神彩，故山得水而活，得草木而华，得烟云而秀媚。

郭熙将山水比喻成血脉相连的生命体，有力说明了山水间充满生机的空间形态。园林有草木，有雾和云，才能称得上雅致。换言之，给园林注入生机的方法在于山水草木的活用。植物是古今中外庭院造景中最重要的素材，是园林中必不可少的要素之一。园林最初的形态——圃也重视植物的栽培，但比起美观价值，当时更重视植物的实用价值。此后，园林发展成为艺术和审美共存的空间，但依然重视植物的布置。特别是在明末清初，园林营建中关于植物素材的内容出现在了诸多造园著作中，《长物志》和《闲情偶寄》中有关植物的记载非常详细，有专门说明植物的章节。《长物志》中出现的植物如表4-6所示，《闲情偶寄》中出现的植物如表4-7所示。

---

①郭熙，宋代山水画家，有《早春图》《关山春雪图》和《幽谷图》等画作，在绘画理论方面，著有《林泉高致》一书。

表 4-6　《长物志》中出现的植物

目录		植物名称
室庐	阶	绣墩草①②
	桥	
花木	花木	牡丹、芍药、玉兰、海棠、山茶、桃、李、杏、梅、瑞香、蔷薇、木香、玫瑰、紫荆、棣棠、紫薇、石榴、芙蓉、蒼卜、茉莉、素馨、夜合、杜鹃、松、木槿、桂、柳、黄杨、槐、榆、梧桐、椿、银杏、乌桕、竹、菊、兰、葵花、罂粟、萱花、玉簪、金钱、荷花、水仙、凤仙、秋色、芭蕉
	瓶花	梅花、海棠③
	盆玩	松、梅、枸杞、冬青、榆、桧柏、竹、虎刺、菖蒲、兰、蕙、夜合、黄香、萱草、夹竹桃、菊、水仙、美人蕉④
水石	广池	菖蒲、苇、柳、荷⑤、竹
	小池	藤、竹⑥
	瀑布	竹、松⑦
	凿井	竹⑧

（资料来源：根据陈植（1984）和金宜贞等（2017）的著作整理）

表 4-7　《闲情偶寄》中出现的植物

目录		植物名称
植物部	木本（24种）	牡丹、梅、桃、李、杏、梨、海棠、玉兰、辛夷、山茶、紫薇、绣球、紫荆、栀子、杜鹃、樱桃、石榴、木槿、桂、合欢、木芙蓉、夹竹桃、瑞香、茉莉
	藤本（9种）	蔷薇、木香、酴醾、月月红、姊妹花、玫瑰、素馨、凌霄、珍珠兰
	草本（15种）	芍药、兰、蕙、水仙、芙蕖、罂粟、葵、萱草、鸡冠、玉簪、凤仙、金钱、蝴蝶花、菊、菜
	众卉（9种）	芭蕉、翠云、虞美人、书带草、老少年、天竹、虎刺、苔、萍
	竹木（12种）	竹、松、柏、梧桐、槐、榆、柳、黄杨、棕榈、枫、柏、冬青

（资料来源：根据单锦珩（1988）和金宜贞（2018）的著作整理）

---

①种绣墩或草花数茎于内，枝叶纷披，映阶傍砌（金宜贞等，2017）。

②用石子砌者佳，四傍可种绣墩草（金宜贞等，2017）。

③忌以插花水入口，梅花秋海棠二种，其毒尤甚（金宜贞等，2017）。

④又有枸杞及水冬青，野榆，桧柏之属。其次则闽之水竹，杭之虎刺。乃若菖蒲九节，神仙所珍。他如春之兰蕙，夏之夜合，黄香萱，夹竹桃花，秋之黄密矮菊，冬之短叶水仙及美人蕉诸种（金宜贞等，2017）。

⑤汀蒲岸苇杂植其中。池傍植垂柳，忌桃杏间种。于岸侧植藕花，削竹为阑，勿令蔓衍。忌荷叶满池，不见水色（金宜贞等，2017）。

⑥四周树野藤细竹（金宜贞等，2017）。

⑦尤宜竹间松下，青葱掩映，更自可观（金宜贞等，2017）。

⑧凿井须于竹树之下（金宜贞等，2017）。

1. 植物的选定标准

对于植物的选择，两本著作都提到了植物的经济、食用和观赏价值，而比起植物的经济价值和食用价值，两位造园家更重视植物的观赏价值。

关于植物的经济价值，文震亨的《长物志·花木篇》提到夏季种植茉莉[①]较多，花期一到，千艘船停泊在苏州虎丘，大量买卖茉莉花的人们聚集在一起形成花市。李渔在《闲情偶寄·种植部》中提及，他移居南京的原因之一是南京是水仙花的故乡，随时可以购买。由此可以看出当时水仙花具有相当高的市场规模。

对于植物的食用价值，文震亨在《长物志·花木篇·玫瑰》[②]中表示，玫瑰不适合用作香囊，而应该作为食品。此外，桂花[③]也可作为新鲜的食材。在《闲情偶寄·种植部》中，李渔以莲花和玫瑰为例，指出植物的食用价值非常重要。

而植物的观赏价值是两位造园家选定植物最重要的标准。两位造园家在其著作中均提出了适合种植植物的场所和各类植物的欣赏方式，还简略地谈到了哪些植物适合群植，哪些植物适合单植。李渔《闲情偶寄·种植部》根据根的特性将草木种类大体分为木本、藤本和草本。

从选择花木品种的角度，文震亨更加追求品种的稀缺性和特异性。文震亨不仅提及某种植物，还详细记载了该植物包含的各个品种，例如，梅树有红梅、蜡梅等品种，其中红梅枝干弯曲，栽在花盆里非常"奇"；菊花，有甘菊、野菊等品种，在汤口镇有一种甘菊，花像铺地的地毯一样细密，是最奇异的品种。总的来讲，两位造园家对各种植物进行了分类介绍，并均以植物的观赏价值为重点进行了解释。下文将具体解析两位造园家对植物的欣赏方式的共同点和他们各自独特的见解。

[①]茉莉属于木犀科的常绿藤本，花色为白色，有香味（张家骥，2010）。
[②]玫瑰属于玫瑰科的落叶阔叶灌木，花卉美丽，有特有香气，属于观赏植物（张家骥，2010）。
[③]桂花属于木犀科的常绿乔木，花色有白、淡黄和橘黄三色，有特有香气。也被称为"木犀""九里香"（张家骥，2010）。

2. 对植物的欣赏方式

两位造园家共同记录的对植物的欣赏方式可以概括为"四时不断"和"皆入画图"。具体来说，"四时不断"是指在时间上一年四季都可以欣赏的植物，而"皆入画图"是指在园林中创造多种景观要素相互协调的空间。因此本章节从时间和空间两个层面分析两部著作中记述的对植物的欣赏方式。首先，关于"四时不断"，两位造园家提及了以下内容。

> 他如春之兰蕙，夏之夜合①，黄香萱②，夹竹桃花③，秋之黄密矮菊④，冬之短叶水仙⑤及美人蕉⑥诸种，俱可随时供玩（《长物志》）。
>
> 予有四命，各司一时：春以水仙，兰花为命，夏以莲为命，秋以秋海棠为命，冬以蜡梅为命（《闲情偶寄》）。

通过以上内容可以看出，虽然文震亨和李渔每个季节喜欢的花卉不同，但在园林营建过程中合理配置植物，使游客一年四季都能欣赏到花卉，是他们花卉设计的共同点。有趣的是，李渔自称是花的"守护神"，这些花被认为是主管各个季节的花仙子。关于"皆入画图"，两部著作具体有如下见解。

> 且取枝梗如画者，若直上而旁无他枝（《长物志》）。
>
> 取其四时不断，皆入图画（《长物志》）。
>
> 给盆与石而使之种，又能随手布置，即成画图（《闲情偶寄》）。

---

①夜合属于木兰科的常绿灌木，花色为白色，有特有香气（张家骥，2010）。
②黄香萱属于百合科萱草属的植物。花色主要有朱黄和橘黄两色（张家骥，2010）。
③夹竹桃属于夹竹桃科的常绿灌木，花色有白和桃红两色（张家骥，2010）。
④黄密矮菊属于菊花科，花色有黄和浅黄两色（金宜贞等，2017）。
⑤短叶水仙属于水仙科，叶片短小（金宜贞等，2017）。
⑥美人蕉属于美人蕉科，花色多样（金宜贞等，2017）。

（1）文震亨独特的植物欣赏方式。

①植物素材场所选择的严格性。

代表文人士大夫阶层的文震亨对植物的栽培场所持有严格的态度，这种严谨的态度反映了文人士大夫阶层的品位。文震亨《长物志》中，将植物的种植场所分为山野、溪流、山坡、广庭、寺庙、池塘、围墙、窗户、楼梯、篱笆（表4-8）。

表 4-8　植物栽培场所

植物栽培场所	具体位置	植物名称	学名	图片
山野	适合栽种在野山上	毛竹	*Phyllostachys edulis*	
溪流	溪水周边	潇湘竹	*Phyllostachys bambusoides*	
山坡	山坡	马尾松（山松）	*Pinus massoniana*	
广庭	正厅或堂屋前	玉兰	*Yulania denudata*	
	将其移植到岩石和庭院将会显得更加古雅	梅	*Prunus mume*	
	屋前宽敞的庭院或山埂上	白皮松	*Pinus bungeana*	
	更适合种植在门前或是宽敞的庭院	槐	*Styphnolobium japonicum*	
		榆树	*Ulmus pumila*	
	更适合种植于宽广的庭院	梧桐	*Firmiana simplex*	
	适合种植于庭院中	石榴	*Punica granatum*	
	庭院	锦葵	*Malva cathayensis*	

续表

植物栽培场所	具体位置	植物名称		学名	图片
广庭	仅适合种植于宽敞的庭院中	秋色	鸡冠花	*Celosia cristata*	
			雁来红	*Amaranthus tricolor*	
			十样锦	*Gladiolus gandavensis*	
寺庙	寺庙或是古宅	银杏		*Ginkgo biloba*	
	寺庙	栀子		*Gardenia jasminoides*	
池塘	池塘边	桃		*Prunus persica*	
	池塘附近	垂柳		*Salix babylonica*	
	池塘边	木芙蓉		*Hibiscus mutabilis*	
	池塘	莲		*Nelumbo nucifera*	
围墙	围墙角落的石缝中间	萱草		*Hemerocallis fulva*	
	在围墙边上种植一排	玉簪		*Hosta plantaginea*	
	根据园囿墙壁情况种植	香椿		*Toona sinensis*	
窗户	窗附近	芭蕉		*Musa basjoo*	
楼梯	有遮阴台阶的附近	海棠花		*Malus spectabilis*	

植物栽培场所	具体位置	植物名称	学名	图片
篱笆	可以和带刺的植物编织在篱笆间	茉莉花	*Jasminum sambac*	
	可以在篱笆或是野外混合种植	木槿	*Hibiscus syriacus*	
	篱笆间	野菊	*Chrysanthemum indicum*	

（资料来源：根据陈植（1984）和金宜贞等（2017）的著作整理）

其中，最适合种植在广庭的植物描写最多，包括玉兰、梅、白皮松、槐、榆树、梧桐、石榴、锦葵、秋色等。适合池塘的植物有桃、垂柳、木芙蓉、莲等。适合在围墙附近栽种的植物有萱草、玉簪、香椿。适合在篱笆之间混合种植植物有茉莉花、木槿、野菊。此外，适合在寺庙种植的有银杏和栀子；适合在山坡上种植的有马尾松；适合在溪水周边种植的有潇湘竹。由此可知，文震亨严格遵循了"适材适所"的原则。此外，文震亨还利用多种植物素材，营造了幽静空间。

文震亨提及栽培竹子时有疏种、密种、浅种、深种四种方法，即在栽培竹子的过程中，应重视竹子的疏密和泥土的深度。疏种是指在3~4尺（10~13.5 m）处挖一个洞，预留空间以便竹根可以完全伸直；密种是指虽每棵竹子有孤植，但每个坑洞可以种4~5棵，以使根部更密；浅种是指栽培竹子时，不深埋于地下；深种是指虽不深植于泥土，但根部四周覆盖满泥土。按照这四种方法种植出的竹子不可能不茂盛。种植竹子的方法被如此详细地描述，可以推测出文震亨对竹子的喜爱之情。从文震亨曾祖父文徵明的《竹林深处图》中也可以看出文氏家族对隐居深林的向往（图4-18）。

而在《闲情偶寄》中，李渔在描述芥子园浮白轩周边景物时也提及了"茂林修竹"。也就是说，李渔在居住过的芥子园中种植了竹林，同样想通过竹子表达君子的高洁品质。李渔在为贾汉复设计园林时，在位于半亩园"潇湘小影"中的亭子附

图 4-18　《竹林深处图》中竹林深处隐居的文人雅士

（图片来源：[明]文徵明《竹林深处图》，水墨、绢本、设色，71.5 cm×41 cm（局部），虚白斋所藏）

近，也同样栽培了大片竹林，因此可以确认两人造园理念的相似性（图 4-19）。此外，文震亨利用山松演绎出"自然松涛声"的声境，他提及山松栽在山丘上比较合适，如果形成松林，松树随着风摇动的声音听起来像波涛声，怎么可能不如五株九里①的松树呢？

　　②近距离观赏植物。

　　在《长物志》和《闲情偶寄》中都提到了盆玩②，但比起李渔，文震亨更详细地提出了适合盆景栽植的植物。在《长物志·花木篇·盆玩》中提及了天目松③、

①"五株"和"九里"都是指有关松树的典故（金宜贞等，2017）。

②盆玩又称盆景或盆栽（金宜贞等，2017）。

③天目松被称为黄山松、台湾松和短叶松等。枝干低屈，姿态奇雅。

图 4-19 [清] 麟庆 (1886)《鸿雪因缘记》中潇湘小影中亭子周遭大片竹林

苔藓、古梅、枸杞、水冬青[①]、野榆[②]、桧柏[③]、水竹[④]、虎刺[⑤]、菖蒲九节[⑥]等 17 种植物。其中以天目松为例,它的姿态与其他松树不同,与画家马远(1140—1225)[⑦]、郭熙、刘松年(1131—1218)[⑧]等作品中的松树一样,姿态非常特别。

---

①水冬青属于木犀科的落叶灌木,也就是小叶女贞(金宜贞等,2017)。
②野榆属于榆科的落叶阔叶乔木,是野生榆树(金宜贞等,2017)。
③桧柏属于侧柏科的常绿乔木,有针叶和鳞叶两种(金宜贞等,2017)。
④水竹属于禾本科,是一种小竹子,它的别称是"实心竹""木竹""黎子竹"(张家骥,2010)。
⑤虎刺属于茜草科的常绿小灌木,花是白色的,果实是红色的(张家骥,2010)。
⑥菖蒲九节属于毛茛科阿尔泰银莲花的根茎,叶片又细又尖,生长于溪水中。
⑦马远(1140—1225),南宋宫廷画家,以简洁的笔触展现广阔的自然山水景象。代表作有《梅石溪凫图》《西园雅集图》和《依松图》等。
⑧刘松年(1131—1218)与李唐、马远和夏圭并称"南宋四大家",常画西湖,由于画作题材多为园林小景,因而所画山水被称为"小景山水"。

梅树中间部位长有似鱼鳞的树皮，布满青苔，冬日里梅花久久不衰，非常有韵味。此外，枸杞、水冬青、野榆、桧柏等树种，根部像龙或蛇一样蜿蜒曲折，均被视为高雅植物。水竹和虎刺反而是介于"雅"和"俗"之间的植物。在小庭院里铺上石子，在上面均匀种满菖蒲九节，雨后就会变绿，并自然散发出香味。不仅如此，春开的兰蕙，夏开的夜合、黄香萱和夹竹桃，秋开的黄蜜矮菊，冬开的短叶水仙和美人蕉等，各种各样的植物都可以在园林中欣赏到。

除适合用作盆景的植物外，文震亨还在《长物志》中讨论了花盆的材质和外形。例如，花盆最好是生锈的青铜器、官窑和哥窑的陶瓷。花盆应是圆形的，不宜用四边形的花盆，尤其要避免长且窄的花盆。《长物志》所述适合盆栽的植物、花盆的材质及形状如表 4-9 所示。

表 4-9 《长物志》所述适合盆栽的植物、花盆的材质及形状

分类		特征
植物名称	天目松	大的不足两尺（约 6.7 m），短的不超过一尺（约 3.3 m），根如臂，叶如箭
	梅	梅树中间部位长有似鱼鳞的树皮，布满青苔，久久不衰，非常古朴
	苔藓	
	枸杞	根部像龙或蛇一样蜿蜒曲折，没有用锯子扎或用锯子剪过的痕迹，均被认为是高品格的植物
	水冬青	
	野榆	
	桧柏	
	水竹	"雅"与"俗"之间
	虎刺	
	菖蒲九节	在小庭园里铺上石头，种于其上，雨后自然就会变绿，香气四溢
	兰蕙	春天开花
	夜合	夏天开花
	黄香萱	
	夹竹桃	
	黄蜜矮菊	秋天开花
	短叶水仙	冬天开花
	美人蕉	

续表

分类			特征
花盆	材质	青铜器	这三种陶器最好
		白定	
		哥窑	
		五色内窑	可以使用
		供春做的花盆	
	形状	圆形	适合
		四边形	不适合
		长且窄的形状	避免
石材		灵璧石	这三种山石可以作为盆景的辅佐材料，其余山石不入品
		英石	
		西山的黑石	

（资料来源：根据陈植（1984）和金宜贞等（2017）的著作整理）

    李渔在《闲情偶寄》中对盆景也有简略的介绍[1]，其在为贾汉复设计的半亩园的图面中，可以清晰看到盆景（图4-20）。

    两部著作中提及的盆景不仅是点景的要素，而且从深层来看也是中国传统园林中经常使用的"以小见大"造园理论的体现。"以小见大"是指通过"小"而见到"大"，即通过现象看本质。出自前汉时期淮南王刘安（公元前179—公元前122）[2]的《淮南子·说山训》："以小明大。见一叶落，而知岁之将暮。"

    "以小见大"的哲学理论在中国传统园林中的运用，不仅体现在盆栽设计上，还体现在小空间园林的设计上。在中国传统园林艺术中，"以小见大"具有"一壶天地"[3]"咫尺山林"[4]的意境。在《园冶》中，"一壶天地"和"咫尺山林"之类

---

[1]故盆花自幽兰，水仙而外，未尝寓目（单锦珩，1988）。

[2]刘安（公元前179—公元前122）是西汉文学家兼思想家，汉高祖刘邦之孙。哲学方面，他以道家的自然天道观为中心，综合了先秦道家、法家和阴阳家等思想。代表作有《淮南子》和《离骚传》。

[3]"一壶天地"意为缸中的世界，比喻为别天地、别世界、仙境。这句话源于汉代仙人壶公以一个缸作为家，以酒为乐，忘却世俗的典故，亦称"壶天""壶中天""壶中天地""一壶之天"（张家骥，2010）。

[4]"咫尺山林"的"咫"在周制中相当于8寸。"咫尺"是指很近的距离，以此比喻中国园林可以在有限的空间里创造出无限空间的自然山水（张家骥，2010）。

图 4-20 [清] 麟庆（1886）《鸿雪因缘记》中半亩园中安放的盆景

的用词非常多。《长物志·水石篇》中也提及，如果建造一座山峰，就要同华山一样险峻雄伟，如果营建一片池塘，一勺水就可见江湖的万里广阔[①]。

"一壶天地"或"壶中天地"是中唐以后造园的基本原则。明清园林则继承了中唐至两宋园林的造园原则，但值得注意的是，明清园林的造园原则又向前发展了一步，即由"壶中天地"向"芥子纳须弥"发展（王毅，2014）。明清园林如芥子园、勺园[②]、半亩园、壶园[③]、十笏园[④]等，通过园林名称便能看出"小园"在那个时期占据着重要位置。李渔是明清时期最有名的造园家和园林理论家之一，他的芥子园即为当时园林艺术原则的典型运用（王毅，2014）。

正如前文所述，芥子园是李渔设计的第二个园林。李渔将芥子园活用为文艺活动中心，在其中经营书店，兼作出版和图书销售等功能空间，体现了其作为实业家的才能。园林的名称"芥子"取自佛教用语"芥子须弥"，指小芥子籽中含有巨大须弥山。李渔为使芥子园看起来像须弥仙境，利用了各种造园技法。芥子园面积 0.3 亩（约 200 m^2），与其他著名的江南园林相比较小，尽管如此，李渔在其中巧妙地布置了来山阁、浮白轩、栖云谷、月榭、歌台等建筑，营造了意境深远的空间。

---

①一峰则太华千寻，一勺则江湖万里（金宜贞等，2017）。
②北京的勺园是明朝书画家米万钟（1570—1631）在明万历年间营建的，勺园不超过百亩，其特征是引来海淀的水，营造出江南地区的水景。因此，取"海淀一勺"，命名为"勺园"（张家骥，2010）。
③扬州的壶园因是面积较小的园林，被比喻为壶中天地，虽面积不大，但见小便知大，所以取名为"壶园"（张家骥，2010）。
④潍坊的十笏园占地面积较小，就像十个板笏一样，因此得名，有"鲁东明珠"之称（张家骥，2010）。

③远距离观赏植物。

前文对近距离观赏植物进行了分析，本节对适合远距离观赏的代表性植物进行解析。适合远距离观赏的木本植物有桃、李、梅、玉兰、桂、紫薇[1]等；草本植物包括竹、向日葵、玉簪、秋色[2]等（表4-10）。

关于木本植物，文震亨在《长物志·花木篇》中提及，桃和李适合种植在园林中，作为观赏植物，且适合远距离观赏。对于梅，文震亨提到多种观赏方式，他表示选择古老的梅花树，在庭院中种植最为优雅，若在广阔的园林中种植，开花时人躺在梅花树下，身体和精神都会变得清澈。对于玉兰，在大厅前列植几棵为宜，玉兰开花时一片银白，宛如白玉成群一般。对于桂，最好开垦两亩左右的土地种植，并在树中间建一个亭子。对于紫薇，文震亨提到了四种颜色——白薇、红薇、翠薇和百日红，其中百日红的名字来源于其从四月开始开花，直到九月才凋谢的特性。紫薇也可种植在山间的园林里，十分适合远距离观赏。

---

①紫薇属于千屈菜科的落叶小乔木，花色有白、红、红紫三种。也被称为"百日红""满堂红""痒痒树"（张家骥，2010）。
②秋色包括鸡冠花、雁来红、十样锦等种类。鸡冠花是属于苋科的一年生草本植物，花色种类有白、黄、红三色，花的样子和鸡冠一样。雁来红是属于苋科的一年生草本植物，花色有黄、红两色，也被称为"老来少""老少年"。十样锦属于鸢尾科，别称"唐菖蒲"，是多年生草本植物，花色种类多样，有红、黄、白、蓝等单色或复色。

表 4-10 适合远距离观赏的植物

分类	植物名称		学名	图片	解析内容
木本植物	桃		*Prunus persica*		适合远距离观赏
	李		*Prunus salicina*		
	梅		*Prunus mume*		种在广阔的地方，在其开花时躺在中间，身体和精神都得到治愈
	玉兰		*Yulania denudata*		适合列植，开花时一片银白，宛如白玉成群
	木樨（桂）		*Osmanthus fragrans*		适合群植，最好开垦两亩左右的土地
	紫薇		*Lagerstroemia indica*		花期很长，适合远观
草本植物	竹		*Bambusoideae*		有各式各样的种类，根据竹子的种类特性，确定种植的场所和观赏方式
	向日葵		*Helianthus annuus*		适合种植在宽敞的地方
	玉簪		*Hosta plantaginea*		一排排栽种在墙边，开花时就像下雪一样
	秋色	鸡冠花	*Celosia cristata*		适合种植在宽敞的地方
		雁来红	*Amaranthus tricolor*		
		十样锦	*Gladiolus gandavensis*		

（资料来源：根据单锦珩（1988）和张家骥（2010）的著作整理）

关于草本植物，文震亨列举了竹、向日葵、玉簪、秋色等例子，详细地说明了竹的种类，并记载了不同种类的竹适合植栽的场所，比如毛竹①，适合开垦广阔的土地，消除杂树，营造竹林，可以坐在地上或石椅上等。种植竹林的场所，与城市地相比，山林地更适合。关于向日葵，文震亨提到了四种不同外形的品种——戎葵、锦葵、向日葵、秋葵，其中戎葵多种多样，适宜种在宽敞的地方。文震亨还提及玉簪插种在墙边一排，花开时如同下雪一般。对于秋色，到了深秋，这些花多彩的颜色在阳光下灿烂地发光，适合用作装饰，而且这种花只能种在广阔的园林中。除竹、向日葵、玉簪、秋色外，还可以单独划出一个区域，开垦菜地或空地。

（2）李渔独特的植物欣赏方式。

①辅助设施利用。

李渔特别偏爱蜡梅②，他提到梅花是自己冬季的守护神。但在冬天赏梅有两大缺点：第一是凛冽寒风③，第二是梅花上有落雪④。李渔为了避开恶劣的自然环境，在欣赏梅花时体会到更多情趣，提出了如下两种赏梅方式。

第一，去野外的时候要备好帐篷，三面封闭，一面通透，在帐篷里生火取暖，既可保暖，又可煮酒⑤。第二，在庭院欣赏梅花时可设置几道屏风，屏风上面盖上平顶，四周开窗，可以随时开关，这种屏风不仅可以欣赏梅花，还可以欣赏所有花卉。可在屏风上挂上"就花居"的小匾额，在花之间树起一面旗帜，无论什么花都冠以总称——"缩地花"⑥。李渔在自己居住的庭院里模仿奇特植物的外形制作匾额和柱联，

---

①毛竹属于禾本科的常绿乔木，常用于园林曲径、莲池、溪谷和室内盆栽（张家骥，2010）。

②蜡梅属于蜡梅科的落叶乔木，也称为黄梅（张家骥，2010）。

③风送香来，香来而寒亦至，令人开户不得，闭户不得，是可爱者风，而可憎者亦风也（单锦珩，1988）。

④雪助花妍，雪冻而花亦冻，令人去之不可，留之不可，是有功者雪，有过者亦雪也（单锦珩，1988）。

⑤观梅之具有二：山游者必带帐房，实三面而虚其前，制同汤网，其中多设炉炭，既可致温，复备暖酒之用，此一法也（单锦珩，1988）。

⑥园居者设纸屏数扇，覆以平顶，四面设窗，尽可开闭，随花所在，撑而就之。此屏不止观梅，是花皆然，可备终岁之用。立一小匾，名曰"就花居"。花间竖一旗帜，不论何花，概以总名曰"缩地花"，此一法也（单锦珩，1988）。

以享受庭院乐趣，其中，有以秋季落叶形态制作的秋叶匾、用竹枝制作的此君联和用芭蕉制作的蕉叶联等。由此可以看出他热爱自然、享受生活并具有独特审美慧眼。

建议在栽培和观赏植物时使用竹屏。"竹屏扶植法"就是利用藤本植物编织成一种"栏杆"，用以扶植藤本植物，其形态分为纵横格和欹斜格两种，记述的内容如下。

> 藤本之花，必须扶植。扶植之具，莫妙于从前成法之用竹屏。或方其眼，或斜其楄。

李渔强调"虽然采取了过去竹屏的方式，但没有必要无条件地遵从旧习。"并介绍了能够与竹屏和谐相处的九种藤本植物（表 4-11），提出了反映当时文化价值取向和经验的围栏设计方式。首先，装饰篱笆的花有木香、酴醾、月季等，大部分植物都属于玫瑰科，五彩缤纷的花朵非常受观者欢迎，所以李渔提倡混合种植的方法。如将蔷薇和木香混合种植，会出现五彩缤纷的花海，蔷薇形成墙壁，木香形成屋顶[①]。其次，如果同时栽种玫瑰和木香，不仅会强调视觉效果，还增强了嗅觉体验，可以营造独特的景观效果。在酴醾的说明中，虽然其效用与玫瑰和木香相比略有不足，但也是篱笆装饰不可或缺的一种花。酴醾的花期比玫瑰和木香稍微晚一些，因此，在玫瑰和木香凋谢后，人们可以观赏酴醾，这也是观赏植物的妙趣。换句话说，为了能够长时间看到花朵盛开的竹屏，应该积极利用混合种植的方法，这充分体现了李渔自由活用素材、营建生动园林的营园技法。

---

①木香花密而香浓，此其稍胜蔷薇者也。然结屏单靠此种，未免冷落，势必依傍蔷薇。蔷薇宜架，木香宜棚者，以蔷薇条干之所及，不及木香之远也。木香作屋，蔷薇作垣，二者各尽其长，主人亦均收其利矣（单锦珩，1988）。

表 4-11　适合"竹屏扶植法"的植物

植物名称	学名	图片	解析内容
蔷薇	*Rosa multiflora*		品种多样，颜色种类繁多
木香	*Rosa banksiae*		与玫瑰相比，花开得密，香气浓郁
酴醾	*Rubus rosifolius*		开花时间稍微晚一些，在玫瑰和木香之后开花
月季	*Rosa chinensis*		有红色、白色、丹红色。花开虽不茂盛，但可连续开花
野蔷薇	*Rosa multiflora Thunb*		花蕾上开七至十朵
玫瑰	*Rosa rugosa*		可使嘴、眼、鼻、舌、皮肤和头发都感到愉悦的花
素馨	*Jasminum*		四季常青，春季盛开
凌霄	*Campsis grandiflora*		可供观赏及药用
珍珠兰	*Chlorantus spicatus*		香味清雅、醇和、耐久，颇似兰花而浓香又胜于兰花

（资料来源：根据单锦珩（1988）、张家骥（2010）著作以及郑宇真（2014）论文整理）

　　在使用植物素材时，李渔也很重视植物的实用性，如玫瑰在香味、食用、观赏、装饰等方面都有很高的价值。因此，对园林中的植物，"可囊可食，可嗅可观，可插可戴，是能忠臣其身，而又能媚子其术者也。"（单锦珩，1988）。李渔认为根据植物的生长规律、生理形态等，应在园林种植中发挥各自的优势。特别是对于前文所述九种藤本植物来说，植物的生理、形态差异和功能特征应该成为选择植物素材的重要依据，以创造美丽的"可持续性"的围墙景观，所谓"可持续性"的景观，即根据植物花期的不同，营造不同时间段的植物景观，这是"竹屏扶植法"的关键所在。

②植物的知觉性。

李渔以百日红为例，主张植物也像动物和人一样有知觉。只是动物的知觉比人低一点，而植物的知觉又比动物差一点[1]。从百日红怕痒就可以看出，虽然人们认为怕痒的树只有百日红一种，但事实上，所有草木都可以感到触动。但百日红与其他草木相比，能感觉到微小的触动。李渔还提到草木虽然感知不明显，但都有知觉，他认为草木虽然不能说话，却能像动物一样能感知疼痛，所以不能随意砍伐草木。

李渔提出的更有趣的案例是杏。传说杏树结不出果子的时候，若把姑娘经常穿的裙子绑在树上就会结出累累硕果[2]。

③植物的通感性。

李渔主张植物是具有知觉的，人应该通过五感与植物交流，并享受其中的乐趣。比如他描写的柳树：柳树长长的枝条不仅美丽，而且是蝉和鸟栖息的地方，它们可以在这里唱歌。清晨的鸟鸣声听起来不是很悦耳，这是因为人们起床后，鸟类会受到惊吓，所以鸟的叫声人们自然觉得不会悦耳动听，所以鸟鸣声不适合在白天听。李渔引用了庄子的故事，说自己虽然不是鸟[3]，但将能与鸟相通的自己比喻为鸟的知音[4]，可见他非常爱自然界的鸟。不仅如此，李渔还建议人们多与自然界的事物进行交流，例如在庭院种树时，有时会贪图树木繁茂的枝叶，以致阻止了天空的月光，使游客无法赏月，这是无心的错误。李渔提议在第一次植树时，便要预防这些情况，留出赏月空间。

---

①禽兽草木尽是有知之物，但禽兽之知，稍异于人，草木之知，又稍异于禽兽，渐蠢则渐愚耳（单锦珩，1988）。
②种杏不实者，以处子常系之裙系树上，便结子累累（单锦珩，1988）。
③庄子非鱼，能知鱼之乐；笠翁非鸟，能识鸟之情（单锦珩，1988）。
④知音比喻心灵相通的好友。《列子》中，伯牙在好友钟子期死后，认为世间再无人了解自己的琴声和心声，于是切断琴弦，以表达与钟子期关系的深切。

关于合欢[1]，李渔说虽然听到有人说"萱草忘忧"，但实际上从未见过，但"合欢蠲忿"却有迹可循，看到合欢花的人会消气并保持愉悦的心情。一般情况下，合欢树是种在深闺房和内室的，如果合欢种在内室，人面对合欢时心情会变得舒畅，树也会更加茂盛，体现了人与场所的和谐关系。另一个说法是，男女一起淋浴后，用淋浴之水浇树，合欢会变得更加繁盛[2]。

李渔以莲花和梅为例，说明植物不仅具有观赏价值，实用价值也很重要，他将莲花比喻为自己的夏季生命，他认为莲花是一种姿态优美的花朵，与其他花朵相比，从小荷叶的芽出水那天开始，直到花朵完全绽放，每个瞬间都是美丽的，以上是莲花在视觉上给人的感受。另外，荷叶的清香可以用于消暑，莲子、莲藕均是美味的食材，而枯萎的荷叶，看似零落成不中用的"废物"，但摘下来好好保存，可以常年用来打包物品。李渔之所以如此喜爱莲花，是因为莲花兼具观赏价值和实用价值。同样，玫瑰也像莲花一样具有实用价值，大部分花卉只具有观赏价值，而玫瑰却能给人的口、眼、鼻、舌等带来快乐。例如，用玫瑰花瓣制作香囊可以随身携带，香气浓郁；玫瑰还可以用作插花；也可以作为女人的头饰佩戴。

④植物的形象化。

李渔提及的植物形象化的种类包括绣球、金钱花、蝴蝶花、剪春罗等（表4-12）。植物形象化最好的例子是玉簪。玉簪是闺房中特有的装饰物，古代女子经常使用玉簪作为头饰，并经常用来装饰女性居住空间的篱笆，玉簪形如美人遗失的簪子。

---

①合欢是指合欢树。合欢的树叶从清晨开始张开，到晚上逐渐收拢，每到黄昏，枝叶交织在一起，所以取名为"合欢"（金宜贞，2018）。
②常以男女同浴之水，隔一宿而浇其根，则花之芳艳妍较常加倍（单锦珩，1988）。

表 4-12 具有形象化的植物

植物名称	植物学名	图片	解析内容
绣球	*Hydrangea macrophylla*		形似绣球
金钱花	*Inula japonica*		如同黄金铜钱
蝴蝶花	*Iris japonica*		形似蝴蝶
剪春罗	*Silene banksia*		如同绸缎一般
玉簪	*Hosta plantaginea*		如同美人遗落的玉簪
鸡冠花	*Celosia cristata*		如同天上祥云

（资料来源：根据单锦珩（1988）、张家骥（2010）著作整理）

⑤植物的"拟人化"。

计成在《园冶·掇山》中提及"山林意味深求，花木情缘易逗"，将感情寄托于植物，流露出他对花木的喜爱之情。关于植物的"拟人化"，计成的描述比较简单，只针对姿态优美的植物进行了描写，而在《长物志》和《闲情偶寄》中，两部著作均较为详细地描述了植物的"拟人化"（表4-13和表4-14）。

表 4-13 《长物志》中"拟人化"的植物

分类	植物名称	学名	图片	解析内容
花王和花相	牡丹	*Paeonia suffruticosa*		牡丹被誉为"花王",被视为花中贵族
	芍药	*Paeonia lactiflora*		芍药被誉为"花相",被视为花中贵族
犹如妖娆多姿的美人	海棠	*Malus spectabilis*		如同杨贵妃醉酒时的样子
	山茶	*Camellia japonica*		如同杨贵妃醉酒时的样子
	桃	*Prunus persica*		如同姿态姣好的美人
	李	*Prunus salicina*		如同姿态姣好的美人
	杏	*Prunus armeniaca*		如同姿态姣好的美人
	柳	*Salix babylonica*		西湖边的柳树的枝条具有女性的柔性美
花贼和禅友	瑞香	*Daphne odora*		因为花香刺鼻,被称为"花贼";亦是吉兆的象征
	栀子	*Gardenia jasminoides*		被誉为"禅友",适宜种植在寺院里

续表

分类	植物名称	学名	图片	解析内容
隐士和神仙	杏	*Prunus armeniaca*		被誉为"女道士",适宜被放在雾气弥漫的泉水和岩石之间
	桃	*Prunus persica*		如同美人;也作为能驱除鬼神的神木
	水仙	*Narcissus tazetta chinensis*		水中神仙,有冯夷饮水仙花汁液欲成仙的故事

(资料来源:根据单锦珩(1988)、张家骥(2010)著作整理)

表 4-14 《闲情偶寄》中"拟人化"的植物

分类	植物名称	学名	图片	解析内容
花王和花相	牡丹	*Paeonia suffruticosa*		不仅是美丽的象征,也代表刚直和正直的品性
	芍药	*Paeonia lactiflora*		具有很高的观赏价值
犹如美人的脸颊或佳人	桃	*Prunus persica*		似桃色的脸庞
	山茶	*Camellia japonica*		似美人的脸颊
	海棠	*Malus spectabilis*		宛如美丽的女子,有色有香,又名"断肠花"
	茉莉	*Jasminum sambac*		比喻为娇妻

分类	植物名称	学名	图片	解析内容
犹如美人的脸颊或佳人	野蔷薇	*Rosa multiflora*		比喻成"杨家姊妹"
	水仙	*Narcissus tazetta*		宛若娇贵体态多姿的女子
	虞美人	*Papaver rhoeas*		犹如翩翩起舞的女子
君子和小人	莲	*Nelumbo nucifera*		被誉为花中君子
	黄杨	*Buxus sinica*		被誉为树中君子
	瑞香	*Daphne odora*		因为花香刺鼻，对其他花造成伤害，被誉为"花中小人"
隐士和神仙	全缘冬青	*Ilex integra*		风度翩翩，具有气节
	凌霄	*Campsis grandiflora*		只可以远观，而不可以亵玩，犹如天上神仙

（资料来源：根据单锦珩（1988）、张家骥（2010）著作整理）

　　例如，牡丹被称为"花王"，芍药被称为"花相"，二者都被称为"花中贵族"。虽然这两种花具有很高的观赏价值，文震亨认为两者不应该并排而植，并且也不适合种植在木桶和花盆中。计成将杨柳、芙蓉花、枫叶、蜡梅这四种形态姣好的植物比喻成"妖娆多姿的美人"。对于杨柳，在《园冶·园说》中，计成提及清晨微风吹拂着岸边的杨柳，如同细腰起舞的少女身姿。关于芙蓉花、枫叶和蜡梅，在《园冶·借景》中，计成分别做了详细的描述：芙蓉花露出水面，如同刚刚出浴的美人；枫叶如同红颜如醉的脸庞；一朵朵蜡梅在月光下，就如同佳人袅娜而至，尤为优美。文震亨《长物志》中，将垂丝海棠、山茶花、桃花、杏花、李花和柳树这六种植物形容为姿态优美的美人，其中垂丝海棠相比西府海棠和贴梗海棠更加娇艳妩媚，如贵妃醉酒，更有情致。关于山茶花，文震亨提及有一种名为"醉杨妃"的山茶花，在雪中开放，尤为可爱。而杏、李、桃堪称"三足鼎立"，其中桃花如美女，歌舞中必不可缺；杏花和李花也很柔媚。关于垂柳，西湖边的柳树，看起来柔媚，具有女性的气质。

李渔还用"君子"和"小人"形容植物。因为瑞香的独特香气会损害周边的花，世人称之为"花贼"，别名为"麝囊"，文震亨也认同此观点。有关瑞香名字的由来，传说庐山有位和尚白天睡觉时，梦中闻到花香，醒来后找到了这种花，故得名"睡香"。周围人听后感到很奇异，认为这种花是花中的祥瑞，因此将其命名为"瑞香"。薝蔔又称为越桃、林兰，俗称栀子，古人也称之为"禅友"，其适合种植在佛室之中，不适宜种植在书斋之中。此外，李渔还将花比作"隐士""神仙"。例如，李花如同"女道士"，适宜种植在水气萦绕、云蒸霞蔚的泉流之间，但不必种太多；桃花俗称"短命花"，桃花不仅美丽，而且桃树历来被认为是仙木，可驱逐百鬼，并且适合大片种，水池边也适宜种植桃树；关于水仙，传说冯夷服食此花，因此成为"水中仙子"。

第四节 小 结

本节从整体空间格局和园林要素两个层面整理了文震亨和李渔著作中理论的共同点和差异性。整体空间格局方面分为"选址及空间布局""整体空间构想和空间尺度的重要性""园林要素的组合"和"空间分割",园林要素方面分为"建筑""水要素""山石"和"植物"。

1. 整体空间格局

（1）选址及空间布局。

对于"选址及空间布局",两位造园家的共同主张是,在相地过程中,园林的地基不必受方位的限制,应该遵循原地形的高差。换言之,两位造园家都重视"因地制宜"的造园理论,但他们的差异在于,在处理地形的过程中,李渔将"因地制宜"的造园实践升华至理论层面,并将其概括为三个方面:①在地势更高的位置营建房舍,在地势更低的位置营建楼阁;②在地势更低的位置堆砌石头,形成假山,在地势更高的地方形成水路;③使地势高耸的位置更高,使地势低洼地带更低。这三种方法与其说是固定法则,不如说是根据现有地形,人为地灵活创造"前低后高"的地形。由此可知,李渔在营园前会对现有地势进行充分把握,可见他具有丰富的造园理论和营园实践经验。

（2）整体空间构想和空间尺度的重要性。

文震亨虽没有具体提及"整体空间构想和空间尺度的重要性",却在构想园林整体布局的过程中,主张应遵循"意在笔先"和"丘壑填胸"。也就是说,在营建园林前,应该对整体的园林规划设计进行构想。关于"空间尺度",两位造园家的共同点都是将"以人为本"作为衡量空间尺度的标准;但是两位造园家的差异性在于,文震亨对空间尺度的设计比李渔更大一些。

（3）园林要素的组合。

对于"园林要素的组合",两位造园家的共同点是重视绘画技法"皆入画图",但两位造园家的差异性在于,李渔更加详细地强调了花、树、石、器物、昆虫和人物等要素之间的协调性。

（4）空间分割。

对于"空间分割"，两位造园家都擅长利用借景手法，强调空间和空间之间的"隔而不断"。换言之，两位造园家为了在造园过程中丰富空间层次，不仅利用了园林中的附属设施（如窗框），还活用了廊道、桥、墙体等构件实现空间延伸。此外，他们在营园过程中，不仅注重观察地形，还注重与周边环境协调，重视景物布局的合理性。而两位造园家的差异性在于，文震亨仅仅提及了"借景"，记录的内容相对较为单一，如借用近处的芭蕉和远处的山峦。而李渔更加详细地说明了"借景"，李渔提及所借景物可以是所有美景，对于借景的方式，可利用绘画技法丰富景观层次，特别是框景窗的边框要设计独特。

2. 园林要素

（1）建筑。

文震亨通过在园林中设置琴室、茶室、山斋、丈室、佛堂等，追求一种安静、隐逸的精神世界，这些空间都是隐士喜爱的场所。通过建筑物的名称，可以推测出文震亨的日常生活方式，例如，在琴室里弹琴或在茶室中品茗。文震亨试图通过营造安静的氛围来表现他的孤独感以及作为遗民者的悲伤和痛苦，这也是一种"自我对话"的表达。与文震亨不同，李渔的来山阁、浮白轩、栖云谷、月榭、歌台等的命名则更直观地表现了他欣赏景观的方式，其中，游客既可以在歌台上表演也可以在歌台下观戏，说明李渔偏爱热闹的空间氛围。可见，与文震亨的"自我对话"不同，李渔的园林表现是"与他人沟通和对话"，但是通过他在月榭赏月的行为，可以看出他也很想追求内心的平和与安定。因此，李渔具有更加复杂和多面的性格特征。

（2）水要素。

从两位造园家以池为中心的理水理念来看，他们都很重视山水关系。此外，他们追求最大限度地利用自然要素，减少人为干预。与此类似，在瀑布等落水形态的处理上，两位造园家的共同点是为了营造落水景观，考虑将自然雨水引入，形成落水形态。这与以池为中心的理水形态处理中最大限度地利用自然山水的观点相同。不仅如此，两位造园家在视觉和听觉两个方面，都很重视独特的落水意境营造。但两者的不同之处在于，文震亨不仅更加注重园林的观赏价值，而且在水要素的空间尺度设计上也更加大胆。原因在于，李渔在个人财力方面，没有达到真正精英阶层的生活水准。以此推测，相比文震亨，李渔的眼界可能达不到文人士大夫阶层的水平，因此在建造园林方面也存在一定局限性。

（3）山石。

两位造园家的共同点是，在创造小空间方面，追求每个场景都"如同一幅画"的造园技法。但文震亨在石材的选择上，不仅对石材的质感和美感进行了严格筛选，对各种石材相互之间的搭配也提出了自己的见解。相反，比起石材的美感，李渔更加尊重石材的种类，尤其是更加注重石材的地域性，即"就地取材"，他在叠石技法上也更加注重创新性，提出了"以土代石"的方法。文震亨作为文人士大夫精英群体，他的品位和修养决定了他对石材的筛选更加严格。李渔作为普通市井阶层，在财力方面不及文震亨，在生活品位方面也未达到文人士大夫阶层的水平。因而，李渔虽然通过提高技术，形成了他独特的品位，但很难与真正的文人精英阶层相抗衡。

（4）植物。

与"山石"类似，在小型空间的营造上，两位造园家都将重心放在使每个场景如画般的营建上。但不同的是，文震亨在选择植物盆景材料方面，更加注重植物品种的精巧性和稀缺性，与选石相同，他重视植物的美感，不仅严格挑选植物，而且对各植物栽培场所也提出了自己的见解。在植物的种植场所方面，李渔根据植物的生长特性，提出了追求随心和随性的观点。此外，李渔认为植物也像人和动物一样也是有感情的，因此经常与植物对话，进行"情感交流"。代表文人精英群体的文震亨，在挑选植物的品位上更加保守。而作为普通市井阶层的李渔，虽然他的视野不及文震亨，但李渔热爱植物，并时常与植物进行"情感交流"，以此超越了阶级束缚的枷锁。

3. 综合对比分析

从"整体空间格局"来看，两位造园家的身份和阶级虽有差异，但造园理念上并没有明显分歧。但从"园林要素"的角度来看，特别是根据"建筑"和"水"要素，两位造园家的造园理念出现了明显的差异性。而两部著作中出现的哲学思想、生活态度和核心造园理论有以下五方面。

① 两部著作均体现了崇尚自然的哲学思想。两位造园家都强调自然弯曲的地形、树木、岩石、道路、水、栏杆和廊道；在造园选址方面，山水之间为最优先考虑因素；他们都以理水形态为重点，表现出重视山水配合的设计理念；并均考虑了最大限度地利用自然要素，将人为加工痕迹最小化。

② 两位造园家均重视"宜"。从日常生活到造园活动都反映了这一造园理论。例如，对于景观小品的利用，通过"随宜用之"和"随方制象，各有所宜"可以看出两位造园家都重视"日用之道"的原则，但"宜"根据他们个人喜好、学识、经济状况、审美范畴等的不同，在实际造园活动的应用和景观小品设计上的表达也不同。此外，他们在造园活动中都推崇"因地制宜"的造园理论。

③ 追求意境。两位造园家都擅长利用竹林营造游径空间。例如，文震亨详细说明了竹子的栽培、群落布置等游径空间的演绎方法，并将栽种竹子作为君子的象征，表现出了他对竹子的喜爱。李渔在说明"取景在借"时，介绍了芥子园浮白轩周边景物的种类之后，提及可利用茂密树林中高高伸展的竹子来表达高尚的君子气节。此外，半亩园的潇湘小影亭子附近种植的大片竹林论证了李渔的造园理论。李渔通过瀑布营造声境，在视觉和听觉上享受落水景致，并设置了歌台，为戏曲演出提供了声境。由此可见，李渔的声境营造，虽然被园林设计的其他要素所掩盖，却通过营建歌台明确了声境营造的手法。文震亨则是受到家族深厚的儒教思想的影响，其营建的园林体现了文人士大夫阶层隐晦的儒学思想，而李渔则毫无保留地直接表达情感。

④ 对于"雅"的追求，两位造园家的共同点是，在设计或色彩的应用上朴素、清淡，不追求奢华。并追求"幽""雅"的生活方式。但两位造园家的不同之处在于，代表文人士大夫阶层的文震亨坚持遵守"古雅"，而代表普通市井阶层的李渔则提出了"新雅"的理念。

⑤ 对于"新"和"异"的追求，两位造园家都提倡跟随时代进行革新，但他们的表达形式不同。文震亨在花木和石材品种的选择上，重视稀缺性和奇特性。李渔不仅提出了"创意标新"的造园理论，在设计方面上，还设计了活檐、匾额楹联以及竹屏扶植法。说明在新思潮的影响下，清初文人逐步追求个性的解放，摆脱了明末的保守思想，这也为个人价值的实现提供了有力保障。

第五章

结　论

1. 文震亨和李渔造园理论的异同

本书以反映明末清初时代背景的、被称为"生活百科全书"的文震亨的《长物志》和李渔的《闲情偶寄》为研究对象，对两位造园家的造园理论进行了比较研究，梳理了两位造园家的生平史、家族史等相关内容。结合时代背景和两位造园家的生活环境，从整体空间格局和园林要素层面，综合整理了他们造园理论的异同。

两位造园家都追求隐逸的生活。通过以文震亨的香草垞和李渔芥子园为中心的造园案例分析，可以看出他们营建园林的基本目标和价值导向的共同点是为了追求隐逸的生活。作为文人士大夫阶层的文震亨，香草垞是他的私人生活空间，而李渔的芥子园不仅是他的生活空间，也是他进行印刷、出版、戏曲表演等文化创作的场所。两位造园家的差异性表现在，李渔在精神层面上也想追求隐逸的生活，但由于现实的经济状况困难，他很难怀着从容的心情追求真正意义上安稳、隐逸的生活。

两位造园家都崇尚自然的哲学思想，并渗透在两部著作的方方面面。两部著作中均提到利用自然曲折的园林要素，包括弯曲的地形、树木、岩石、道路、水、栏杆和廊道等。两位造园家在崇尚自然的哲学思想上没有明显的差异，综合当时的社会背景来看，由于明末清初社会动乱，各阶层文人的追求逐渐从"政治追求"转变为"文学创作"，于是文人们更加致力于游山玩水。通过这种方式，他们不仅可以增加个人阅历并积累人脉，还可以获得文学创作的有利素材。

两位造园家均秉持删繁去奢的生活态度。他们都强调消除繁琐，提倡俭朴的生活态度，特别忌讳土木建设过程中的奢侈浪费。可见，不仅是普通市井阶层，士大夫阶层也崇尚俭朴。两位造园家在删繁去奢的生活态度上没有明显的差异。推测其理由，可能是由于明末清初社会动乱，全体国民的生活消费水平不高，只能以这种方式减轻经济压力。

两位造园家都强调了"皆入画图"的造园理论。例如，石材、植物的欣赏方式以及园林要素的合理配置等都应遵循画论。可见，画论和造园理论有共通之处，表达了画和园的价值是由园林中的要素相互协调配合而形成的。

两位造园家还提出了以小见大、君子比德、追求"雅"、追求创新的造园理论。其中，在追求"雅"和追求创新方面，两位造园家有自己不同的见解。概括来讲，文震亨"雅"的标准是明朝中后期士大夫阶层必须遵守的"古雅"标准。李渔对"雅"的标准，虽然也有与文震亨相似的观点，但他提出了"新雅"的标准，通过各种创意性的设计样式创造了独特性和创新性的"雅"的表现形式，这一点与文震亨有很大不同。与文震亨相比，李渔对当时社会大众的需求更加敏感，他在《闲情偶寄》中强调造园需要"创异标新"。造园理论是造园家实践经验的总结和升华，蕴含着造园家对当时社会文化思潮的反省。李渔比起文震亨，更追求社会文化思潮的个性解放，受这种社会新思潮的影响，他的造园理论展现了摆脱思想禁锢、实现个人价值的特点。

两位造园家都表现出了从"政治追求"向"文学创作"的转变，但受生活环境等因素的影响，他们"文学创作"的表现形式却不同。文震亨通过在园林中营造"安静和隐逸"的空间氛围，表达了他的悲伤和孤独感，他的内心深处秉承文氏家族的家训和文人士大夫阶层所要遵守的人格修养戒律，因此很难与当时变革的社会融合，他始终没能摆脱这种充满挫折感的自我束缚。另一方面，与文震亨不同，李渔更加积极地投入到"文学创作"中，原因在于社会和家庭对他的束缚力并不大。李渔通过自己的努力，在小说、戏剧、造园等方面崭露头角，得到了社会的认可。这是李渔对现实和生活的挑战，更准确地说是对自我的一种突破。两位造园家受到不同生活背景的影响，他们的造园理论也各具特色，对明末清初园林文化的多元化发展起到了重要作用。

2. 研究意义及局限性

在中国园林历史上，明末清初是园林通俗化现象加速发展、根据大众文化知识广泛开展园林营建或重建的时期。引领大众文化的文人士大夫阶层和普通市井阶层的代表性文人通过著书立说确立了当代园林建设的理论框架，同时提出了反映具有时代特性的"文人园林"风格。基于此，本书以文震亨的《长物志》和李渔的《闲情偶寄》为研究对象，探索两位造园家的造园理论，并将其作为解释明末清初园林文化的一个参照。但本书的局限性在于未能归纳总结出这一时期所有造园家的造园理论，这需要广泛地进行实地调查及文献研究。本书的另一个局限性在于，虽对文震亨的《长物志》和李渔的《闲情偶寄》进行了比较研究，并进行了详细解释，但对两位造园家的其他文学作品或其他造园家的造园理论的研究相对较少。

参考文献

◇ 专著

[1] 文震亨 . 长物志 [M]. 北京 : 中国书店出版社 , 2019.

[2] 李斗 . 扬州画舫录 [M]. 北京 : 中华书局 , 2007.

[3] 李渔 . 闲情偶寄 [M]. 北京 : 人民文学出版社 , 2013.

[4] 麟庆 . 鸿雪因缘图记 [M]. 北京 : 北京古籍出版社 , 1984

[5] 杨尔曾 . (新镌) 海内奇观 [M]. 武林杨衙夷白堂 , 1610.

[6] 王焕如 . 崇祯吴县志 [M]. 上海书店 , 1990.

[7] 冯桂芬 . 同治苏州府志 [M], 苏州 : 凤凰出版社 , 2019.

[8] 高承 . 事物纪原 [M] . 北京 : 中华书局 , 1989.

[9] 金学智 . 中国园林美学 [M]. 中国建筑工业出版社 , 2000.

[10] 童寯 . 江南园林志 [M]. 北京 : 中国建筑工业出版社 , 2014.

[11] 童寯 . 论园 [M]. 北京 : 北京出版社 , 2016.

[12] 李渔 . 闲情偶寄 [M]. 杜书瀛 , 译 . 北京 : 中华书局 , 2022.

[13] 杜书瀛 . 戏看人间 : 李渔传 [M]. 作家出版社 , 2014.

[14] 戴逸 . 简明清史 [M]. 北京 : 中国人民大学出版社 , 2006.

[15] 昌彼得 , 乔衍琯 , 宋常廉 . 明人传记资料索引 [M]. 北京 : 中华书局 , 1987.

[16] 孟白 , 刘托 , 周奕扬 . 中国古典风景园林图汇 [M]. 北京 : 学苑出版社 , 2008.

[17] 孟兆祯 . 园衍 [M]. 北京 : 中国建筑工业出版社 , 2012.

[18] 复旦大学文史研究院 . 都市繁华 : 一千五百年来的东亚城市生活史 [M]. 北京 : 中华书局 ,
2010.

[19] 谢国桢 . 晚明史籍考 [M]. 上海 : 华东师范大学出版社 , 2011.

[20] 徐连达 . 中国历代官制词典 [M]. 合肥 : 安徽教育出版社 , 1991.

[21] 成复旺 . 中国美学范畴辞典 [M]. 北京 : 中国人民大学出版社 , 1995.

[22] 苏州园林博物馆 . 拙政园三十一景册 [M]. 北京 : 中华书局 , 2014.

[23] 孙筱祥 . 园林艺术及园林设计 . 北京 : 中国建筑工业出版社 , 2011.

[24] 杨永生 . 哲匠录 [M]. 北京 : 中国建筑工业出版社 , 2005.

[25] 梁白泉 . 吴越文化 : 中国的灵秀与江南水乡 [M]. 上海 : 上海远东出版社 , 1998.

[26] 杨念群 . 何处是 "江南" ?: 清朝正统观的确立与士林精神世界的变异 [M]. 北京 : 生活 · 读
书 · 新知三联书店 , 2010.

[27] 吕明伟 . 中国古代造园家 [M]. 北京：中国建筑工业出版社，2014.

[28] 冈大路 . 中国宫苑园林史考 [M]. 常瀛生，译 . 北京：中国农业出版社，1988.

[29] 李允鉌 . 华夏意匠：中国古典建筑设计原理分析 [M]. 天津：天津大学出版社，2005.

[30] 李正 . 造园意匠 [M]. 北京：中国建筑工业出版社，2010.

[31] 李孝悌 . 中国的城市生活 [M]. 北京：新星出版社，2006.

[32] 李秀玉 . 古雅空间：文徵明《拙政园三十一景图》研究 . 北京：人民出版社，2017.

[33] 李渔 . 李渔全集 [M]. 萧欣桥，黄霖，单锦珩，译 . 杭州：浙江古籍出版社，1988.

[34] 利玛窦，金尼阁 . 利玛窦中国札记 [M]. 何高济，王遵仲，李申，译 . 何兆武，校 . 北京：中华书局，2010.

[35] 林语堂 . 吾国与吾民 [M]. 南京：江苏人民出版社，2014.

[36] 巫仁恕 . 品位奢华：晚明的消费社会与士大夫 [M]. 北京：中华书局，2008.

[37] 巫鸿 . 中国绘画中的 "女性空间" [M]. 北京：生活·读书·新知三联书店，2018.

[38] 俞为民 . 李渔评传 [M]. 南京：南京大学出版社，2004.

[39] 计成 . 园冶 [M]. 刘艳春，译 . 南京：江苏凤凰文艺出版社，2015.

[40] 汪菊渊 . 中国古典园林史 [M]. 北京：中国建筑出版社，2006.

[41] 王家范 . 百年颠沛与千年往复 [M]. 上海：上海人民出版社，2018.

[42] 张荷 . 吴越文化 [M]. 沈阳：辽宁教育出版社，1998.

[43] 张薇 . 《园冶》文化论 [M]. 北京：人民出版社，2006.

[44] 张家骥 . 中国造园论 [M]. 太原：山西人民出版社，2012.

[45] 张家骥 . 中国园林艺术小百科 [M]. 北京：中国建筑工业出版社，2010.

[46] 张长虹 . 品鉴与经营：明末清初徽商艺术赞助研究 [M]. 北京：北京大学出版社，2010.

[47] 章启群 . 百年中国美学史略 [M]. 北京：北京大学出版社，2005.

[48] 计成 . 园冶图说 [M]. 赵农，注释 . 济南：山东画报出版社，2003.

[49] 曹林娣 . 中国园林艺术概论 [M]. 北京：中国建筑工业出版社，2009.

[50] 周维权 . 中国古典园林史 [M]. 北京：清华大学出版社，1999.

[51] 谭其骧 . 中国历史地图集 [M]. 北京：中国地图出版社，1982.

[52] 文震亨，陈植 . 长物志校注 [M]. 南京：江苏科学技术出版社，1984.

[53] 陈从周 . 说园 [M]. 上海：同济大学出版社，2007.

[54] 彭一刚 . 中国古典园林分析 [M]. 北京：中国建筑工业出版社，1986.

[55] 《中国大百科全书》编委会 . 中国大百科全书 [M]. 北京：中国大百科全书出版社，2009.

[56] 文震亨 . 长物志图说 [M]. 海军，田君，注释 . 济南：山东画报出版社，2004.

[57] 黄果泉 . 雅俗之间 : 李渔的文化人格与文学思想研究 [M]. 北京 : 中国社会科学出版社，2007.

[58] 黄永年 . 唐史十二讲 [M]. 北京 : 中华书局，2007.

[59] 柯律格 . 长物 : 早期现代中国的物质文化与社会状况 [M]. 高昕丹，陈恒，译 . 上海 : 生活·读书·新知三联书店，2021.

[60] 高居翰 . 山外山 : 晚明绘画 (1570—1644)[M]. 王嘉骥 译 . 上海 : 生活·读书·新知三联书店，2009.

[61] 高居翰 . 气势撼人 : 十七世纪中国绘画中的自然与风格 [M]. 李佩桦等，译 . 上海 : 生活·读书·新知三联书店，2009.

[62] 高居翰，黄晓，刘珊珊 . 不朽的林泉 : 中国古代园林绘画 [M]. 上海 : 生活·读书·新知三联书店，2012.

[63] 牟复礼，崔瑞德 . 剑桥中国明代史 [M]. 张书生，译 . 北京 : 中国社会科学出版社，1992.

[64] M K Hearn. Landscapes Clear and Radiant: the Art of Wang Hui(1632—1717)[M]. New York: Metropolitan Museum of Art; New Haven: Yale University Press, 2008.

[65] 高承 . 事物纪原 [M]. 金万源，译 . 首尔 : 亦乐出版社，2015.

[66] 计成 . 园冶 [M]. 金圣雨，安大会，译 . 首尔 : 艺耕出版社，1993.

[67] 文震亨 . 长物志 [M]. 金宜贞，郑有善，译 . 首尔 : 学古房出版社，2017.

[68] 枡野俊明 . 心中的庭园 [M]. 金宜贞，译 . 坡州 : 书缸出版社，2018.

[69] 巫仁恕 . 品位奢华 : 晚明的消费社会与士大夫 [M]. 金宜贞，等，译 . 坡州 : 书缸出版社，2019.

[70] 朴喜晟 . 园林 : 没有界限的自然 [M]. 首尔 : 首尔大学出版文化院，2011.

[71] 权锡焕 . 中国雅集 : 脱离日常的界限性游戏 [M]. 首尔 : 博文社，2015.

◇ 学位论文

[1] 高雅 . 《园冶》掇山置石理论在苏州古典园林的应用研究 [D]. 哈尔滨 : 东北林业大学，2018.

[2] 乔鑫 . 步移景异 : 江南园林之"游"与中国山水画之"观"比较研究 [D]. 北京 : 中国美术学院，2017.

[3] 段建强 . 《园冶》与《一家言》居室器玩部造园意象比较研究 [D]. 郑州 : 郑州大学，2006.

[4] 毛艳秋 . 明代苏州文氏家族笔记研究 [D]. 哈尔滨 : 黑龙江大学，2019.

[5] 文翘楚 . 李渔的造园思想研究 : 以南京芥子园规划设计项目为例 [D]. 南京 : 东南大学 , 2015.

[6] 朴进卿 . 朝鲜后期文艺思潮的雅俗兼备的审美意识研究 [D]. 首尔 : 成均馆大学 , 2019.

[7] 庞瑞东 . 李渔《闲情偶寄》之曲论研究 [D]. 呼和浩特 : 内蒙古师范大学 , 2007.

[8] 谢华 .《长物志》造园思想研究 [D]. 武汉 : 武汉理工大学 , 2010.

[9] 谢云霞 . 晚明江南文人的园林设计美学思想研究 [D]. 长春 : 吉林大学 , 2015.

[10] 王剑 . 园林与诗书画的伴生关系 [D]. 南京 : 南京农业大学 , 2007.

[11] 余皓 . 明末清初江南琴人研究 [D]. 武汉 : 华中师范大学 , 2015.

[12] 吴建 . 江南人文景观视角下的康乾南巡研究 [D]. 苏州 : 苏州大学 , 2017.

[13] 李世葵 .《园冶》园林美学研究 [D]. 武汉 : 武汉大学 , 2009.

[14] 李元 .《长物志》园居营造理论及其文化意义研究 [D]. 北京 : 北京林业大学 , 2010.

[15] 任明浩 . 朝鲜后期 汉文学的雅俗论研究 .[D]. 釜山 : 釜山大学 , 2010.

[16] 任兰红 .《园冶》与《长物志》造园思想比较研究 [D]. 北京 : 北京建筑大学 , 2013.

[17] 刘心恬 .《园冶》园林生态智慧探微 [D]. 济南 : 山东大学 , 2010.

[18] 蒋璐 .《园冶》若干相地造园手法研究 [D]. 杭州 : 浙江大学 , 2013.

[19] 钱水悦 . 李渔《闲情偶寄》生活美学思想初探 [D]. 杭州 : 浙江大学 , 2008.

[20] 陈礼贤 . 论李渔的养生思想 [D]. 杭州 : 浙江师范大学 , 2013.

◇ 期刊论文

[1] 顾凯 . 重新认识江南园林 : 早期差异与晚明剧变 [C]// 建筑历史与理论 第十辑 (首届中国建筑史学全国青年学者优秀学术论文评选获奖论文集), 2009, 10: 190-199.

[2] 顾凯 . 中国古典园林史上的方池欣赏 : 以明代江南园林为例 [J]. 建筑师 , 2010(3): 8.

[3] 欧阳立琼 , 张勃 , 傅凡 .《园冶》《长物志》《闲情偶寄》论选石的异同 [J]. 华中建筑 , 2015, 33(9): 4.

[4] 段建强 , 张桦 . 东来西传 : 传教士参与圆明园修造研究 [J]. 风景园林 , 2019(3): 5.

[5] 邓长风 . 明末遗民顾苓和他的《塔影园集》——美国国会图书馆读书札记之十八 [J]. 铁道师院学报 , 1995(03): 70-77.

[6] 武静 . 论《园冶》中水景设计理法 [J]. 城市建筑 , 2009, 16(12): 105-106.

[7] 万娜 . 浅谈书法在中国古典园林中的运用 [J]. 美与时代 (中旬), 2014(06): 112-113.

[8] 徐敏 . 书法艺术与古典园林艺术的关联 [J]. 建筑与文化 , 2009(Z1): 90-91.

[9] 薛野 . 关于明代室内软装饰蓬勃发展的原因探究 [J]. 美术大观 , 2008(09)：58-59.

[10] 施春煜 . 从《长物志》和《闲情偶寄》看明清园林文化发展动向 [J]. 苏州科技学院学报 (社会科学版), 2015, 32(03)：54-59.

[11] 姚氷纯 . 论《长物志》对营造现代生态'宜居'环境的启示 [J]. 美术大观 , 2013(05)：97.

[12] 李树华 .《中国盆景文化史》摘辑 : 中国山石盆景文化史 (下)[J]. 花木盆景 (盆景赏石), 2006(12)：50-51.

[13] 李红 , 傅凡 , 李春青 . 一时三杰 : 计成、文震亨、张南垣时代关系研究 [J]. 风景园林 , 2012(06): 99-100+103.

[14] 李天慈 . 书法在园林设计中的应用美学研究——以徐州园林为例 [J]. 长春教育学院学报 , 2020,36(01)：40-44.

[15] 林源 , 冯珊珊 . 苏州艺圃营建考 [J]. 中国园林 , 2013,29 (05)：115-119.

[16] 林源 . 王石谷《艺圃图》、汪琬"艺圃二记"与苏州艺圃 [J]. 建筑师 , 2013(06)：92-99.

[17] 任兰红 , 张大玉 , 丁磊 .《园冶》与《长物志》关于"掇山理水"章节比较研究 [J]. 中国园林 , 2018,34(08)：131-135.

[18] 王美仙 .《园冶》与《长物志》中的植物景观及其思想表达研究 [J]. 建筑与文化 , 2015(09)：143-145.

[19] 王丽娴 . 李渔层园考索 [J]. 中国园林 , 2016, 32(05):98-101.

[20] 程广媛 . 清宫御苑中的"出版社"[J]. 中国编辑 , 2017(02)：80-87.

[21] 曹汛 . 略论我国古代园林叠山艺术的发展演变 [C]// 中国建筑学会建筑历史学术委员会建筑历史与理论 (第一辑). 南京 : 江苏人民出版社 , 1980: 2.

[22] 曹汛 . 清代造园叠山艺术家张然和北京的"山子张"[C]// 中国建筑学会建筑历史学术委员会建筑历史与理论 (第一辑). 南京 : 江苏人民出版社 , 1981: 10.

[23] 曹汛 . 中国园林的造园叠山艺术 [J]. 艺术设计研究 , 2009(03)：15-18.

[24] 赵国栋 .《长物志》中茶文化简述 [J]. 中国茶叶 , 2013,35(08)：25-27.

[25] 周重林 . 文震亨茶无他 , 长物而已 [J]. 普洱 , 2009(001)：122-124.

[26] 朱孝岳 .《长物志》与明式家具 [J]. 家具 , 2010(04)：53-55.

[27] 秦柯 . 造园大师张南垣家世考述 [J]. 中国园林 , 2017, 33(12)：119-122.

[28] 齐慎 .《长物志》和《闲情偶寄》园林陈设艺术比较 [J]. 中国文物科学研究 , 2012(04):33-37.

[29] 扈耕田 . 晚明扬州影园与黄牡丹诗会考论 [J]. 扬州大学学报 (人文社会科学版), 2011, 15(03): 106-111.

[30] 华海镜, 金荷仙. 书法在中国古典园林中的审美价值 [J]. 浙江林学院学报, 1998(03): 94-97.

[31] 黄彦震, 尚振华. 清宫蒙养斋考 [J]. 兰台世界, 2009(24): 64-65.

[32] Jong-sang S. Ui-won: The 18-19C Joseon Scholar's Garden of Imagination[J]. Landscape research, 2015, 40(6): 732-747.

[33] Yun J Y. Cultural Politics in the Gardens of Suzhou: Social Change and the Expansion of Garden Culture during the Late Ming and Early Qing Dynasties[D]. Seoul: Seoul National University, 2018.

[34] Yun J Y, Kim Joonhyun. Sociocultural factors of the late Ming and early Qing Chinese garden landscape, based on philosophies seen in Yuanye, Zhangwuzhi, and Xianqingouji[J]. Landscape Research, 2019, 44(2): 174–185.

[35] Zhang Y. Religion and Prison Art in Ming China (1368—1644): Creative Environment, Creative Subjects[D]. Ohio State: The Ohio State University, 2019.

[36] 成锺祥. 朝鲜庭院中的"移步"研究: 以士大夫园林中的山水造景为中心 [J]. 韩国传统造景学会, 2012, 9(01): 41-52.

[37] 成锺祥. 朝鲜庭院中的"移步"研究: 金锁洞、拙政园和洛夏姆园比较 [J]. 环境论丛, 2012, 51: 73-95.

[38] 成锺祥. 朝鲜士大夫园林相地考究 [J]. 文化历史地理, 2019, 31(01): 29-42.

[39] 陈耀华, 辛贤实. 文震亨《长物志》和徐有榘《林园经济志》对朝鲜后期士大夫庭园产生的影响 [J]. 韩国文化信息学会, 2014(11): 127-128.

[40] 崔政权, 崔政民. 中国江南水乡镇滨水空间特性研究: 以浙江乌镇和南浔古镇为例 [J]. 韩国传统造景学会, 2016, 34(04): 98-109.

[41] 韩锺镇. 明末清初绅士层的住居文化: 以李渔《闲情偶寄·居室部》为中心 [J]. 中国文学, 2011, 66: 269-294.

[42] 韩小英, 赵耕真. 基于《林园经济志》的朝鲜后期"意园"造景学内涵解析 [J]. 韩国造景学会, 2011: 119-123.

[43] 黄琪源. 《园冶·兴造论》研究 (1): 主者论 [J]. 环境论丛, 1993, 31: 112-140.

[44] 黄琪源. 《园冶·兴造论》研究 (2)[J]. 环境论丛, 1994, 32: 40-89.

[45] 黄彦震, 尚振华. 清宫蒙养斋考 [J]. 兰台世界, 2009(24): 64-65.

[46] 金宜贞. 《闲情偶寄》中的明末清初文化世俗化: 以居室部为中心 [J]. 2015, 51: 141-168.

[47] 朴喜晟, 云嘉燕.《养花小录》和《长物志》中花木类中所呈现的文人园林趣味生活比较 [J]. 韩国造景学会 , 2016, 44(3): 79-93.

[48] 朴泓俊 . 明清时期戏曲理论的展开和李渔的《闲情偶寄》[J]. 中国学报 , 2017, 79: 141-157.

[49] 朴成勋 . 李渔的服装论考：以《闲情偶寄·声容部》为中心 [J]. 中国学论丛 , 2017, 57: 197-219.

[50] 辛贤实 . 中国明清扬州盐商园林的设计原理和营园特征 [J]. 韩国传统造景学会 , 2019, 37(03): 83-92.

[51] 张琳 , 郑宇真 , 成锺祥 . 基于《闲情偶寄》的李渔造园理论研究 [J]. 韩国传统造景学会 , 2018, 36(03): 137-148.

[52] 张琳 . 基于《闲情偶寄·种植部》的植物象征寓意和玩赏方式 [J]. 韩国传统造景学会 ,2019, 37(02): 20-39.

[53] 郑宇真 . 明代园林中竹屏的活用与意义 [J]. 韩国传统造景学会 , 2014, 31(01): 83-92.

致　　谢

自 2018 年 3 月左右论文定题开始，我在首尔国立大学环境学院成锺祥教授的亲切关怀与谆谆指导下，于 2020 年 8 月完成了博士论文毕业答辩。从论文的选题、资料搜集、研究思路梳理、撰写、修改到最终的定稿，都离不开导师以及各审查委员的无私奉献。成教授对景观专业教学的热忱、严谨的治学态度以及结合实践的教学方法等都给我留下了深刻的印象，使我在学术研究能力方面得到了很大的提高。同时，在博士学习阶段，能够有幸参与研究室的几个项目，并得到一些生活方面的资助，也是我博士论文能够顺利完成的一大助力。再一次对导师成锺祥表示诚挚的感谢。

此外，由衷感谢对我论文进行审查的委员，包括赵耕真、崔政权、申贤实、朴喜晟四位教授。赵耕真教授作为论文审稿以及答辩委员会主席，对本文中出现的问题提出了合理建议，并在最后论文定稿关键词的使用上提出了宝贵的建议。还有嘉泉大学的崔政权教授，他是一位致力于研究"水景观"的教授，初次接触时深感其严厉，在多次见面交流的过程中，发现崔政权教授对中国文化有着浓厚兴趣，他在景观学研究中坚持"没有调查，就没有发言权"的精神和治学理念，我在深入解读"文本文化"时一直谨记在心。可惜的是因为客观条件限制，我没能进行现场勘察，这也是本文的一大遗憾。又石大学的申贤实教授，常年致力于东亚文化与自然遗产研究，在对我的指导过程中，其严谨的治学态度使我印象深刻，在针对中韩园林的比较研究方面，提出了非常宝贵的意见，加深了本文的深度，并明确了日后深度研究的方向。还有在首尔市立大学多年从事中韩园林研究的朴喜晟教授，不仅抽出宝贵的时间与我探讨论文内容，而且每次论文答辩的稿件都详细地做批阅，作为一名外国留学生，我甚是感动。

在此，我还要感谢三次论文答辩中帮助我审阅修改论文的前辈和同辈们。郑宇真先生，是我特别要感谢的一位前辈之一。在论文选题、研究思路方面都给了我很多建议，特别是在论文一审阶段，认真帮我审阅修改文章，使我获得了用韩语写作论文的信心。首尔国立大学城市规划专业的李娜同辈，也是我特别要感谢的一位朋友。在论文二审阶段，一字一句地帮我审阅修改文章，对我论文中的韩语学术用词以及论文整体思路方面都提出了宝贵的意见，让我在最关键的论文二审阶段获得了更多的信心。与此同时，还有首尔国立大学语言教育中心 CTL 的老师，对我的论文写作进行了肯定的同时，还亲切地介绍她的后辈帮我修改论文。此外，还要感谢我最爱的父母，他们从未抱怨并一路支持和相信我！以及对在韩国求学的十余年来相识、相知，一路走来遇到的每一位曾经帮助和信任我的可亲可敬的人们表示感谢。

从 2017 年 3 月入学到 2020 年 8 月毕业，短暂的三年半的博士研究生的学习过程中，我每日奔波于宿舍、研究室和图书馆，求学时间虽短，但却收获满满。在两年的专业课学习过程中，参加了很多国际学术会议，不但积累了专业知识，还获得了专家的批评与指导，这都为我博士论文的定题做了很好的铺垫。非常感谢首尔国立大学为我提供了国际化的广阔视野，使我回国后能更好地架起中韩两国的学术发展桥梁。